近零排放 IGCC 电站技术经济性分析

迟金玲　著

哈尔滨工业大学出版社

内 容 简 介

本书针对以煤为原料的整体煤气化联合循环(IGCC)电站的二氧化碳捕集问题,介绍了 IGCC 电站各单元部件建模和系统流程构建方法,以系统技术经济性评价为目的,介绍了以关键性能参数推测单元部件成本的 IGCC 电站投资成本预测方法,并结合我国国情,建立了适合于我国的 IGCC 电站经济性评价体系。本书结合以上内容,分别针对不同的碳捕集技术水平,对不同类型 IGCC 捕集电站案例进行了技术经济性分析,可使读者对 IGCC 电站技术有全面、系统的认识和了解。

本书特别适合于从事发电系统研究的科研机构人员、高等院校师生,以及电力企业、设计院等工作人员阅读。

图书在版编目(CIP)数据

近零排放 IGCC 电站技术经济性分析/迟金玲著. —哈尔滨:
哈尔滨工业大学出版社,2021.8
ISBN 978-7-5603-4381-5

Ⅰ.①近… Ⅱ.①迟… Ⅲ.①燃气-蒸汽联合循环发电-技术经济分析
Ⅳ.①TM611.31

中国版本图书馆 CIP 数据核字(2021)第 160668 号

策划编辑　杨秀华
责任编辑　杨秀华
封面设计　刘长友
出版发行　哈尔滨工业大学出版社
社　　址　哈尔滨市南岗区复华四道街 10 号　邮编 150006
传　　真　0451－86414749
网　　址　http://hitpress.hit.edu.cn
印　　刷　哈尔滨圣铂印刷有限公司
开　　本　787 mm×1092 mm　1/16　印张 10　字数 245 千字
版　　次　2021 年 8 月第 1 版　2021 年 8 月第 1 次印刷
书　　号　ISBN 978-7-5603-4381-5
定　　价　48.00 元

前　言

近年来,CO_2 减排受到广泛重视。目前,我国燃煤电站 CO_2 排放量约占总排放量的 1/2。在相当长时期内,我国以煤电为主的格局不会改变,控制煤基电站的 CO_2 排放尤为重要。整体煤气化联合循环 IGCC(Integrated Gasification Combined Cycle)电站是未来重要的洁净煤发电技术,其与 CO_2 捕集技术的结合是目前能源领域的研究热点之一。本书针对 IGCC 电站中的 CO_2 捕集,对分别采用现有成熟 CO_2 捕集技术以及先进钙基技术的电站进行了技术经济评估与比较,并与常规煤粉电站 PC(Pulverized Coal)进行了对比,分析了关键技术工艺及参数的影响。本书的主要内容包括:

1. IGCC 电站关键部件数学模型

本书介绍了建立多种类型气化炉、空分单元、水煤气变换 WGS(Water Gas Shift)单元、CO_2 分离过程和燃气轮机的数学模型建立方法。对甲基二乙醇胺法(MDEA 法)及聚乙二醇二甲醚法(NHD 法)分离 CO_2 过程进行了入口条件、吸收率变化的影响分析及比较。

2. IGCC 捕集电站单元成本预测模型及经济性评价方法

本书介绍了通过成本回归、规模缩放、地区因子修正等方式,建立适合于我国的、基于关键性能参数的 IGCC 捕集电站各单元部件投资成本预测模型的理论和方法。集成以上投资模型,并对设备预备费及运行维护成本等进行补充,完善和发展了 IGCC 捕集电站经济性评价平台。

3. 基于现有技术的煤基捕集电站技术经济性评估

以不同 IGCC 碳捕集电站为案例,分析了 IGCC 捕集电站的气化炉类型、空气/氧气气化、煤气冷却及除尘方式、CO_2 分离方法以及捕集率的选择问题。结果表明,与其他气化炉电站相比,输运床气化 IGCC 捕集电站的供电效率更高,发电成本更低。对输运床气化炉电站而言,无论是纯氧还是空气气化,均宜采用 NHD 法捕集 CO_2,其中纯氧气化系统的供电效率略高,而其发电成本也略高。从煤气冷却及除尘方式的选择来看,水煤浆、输运床纯氧及空气气化 IGCC 捕集电站从效率及发电成本角度均宜配置煤气余热锅炉干法除尘流程;干煤粉气化电站采用煤气余热锅炉干法除尘流程时系统效率较高,而采用激冷流程时发电成本较低。对输运床纯氧气化电站捕集率影响的研究表明,捕集率在 87% 左右时 CO_2 减排成本最低。

对 IGCC 及 PC 电站技术经济性对比表明,考虑 CO_2 捕集后,IGCC 电站效率的降低及发电成本的升高程度均低于 PC 电站,CO_2 减排成本较低。而从捕集后电站的经济性来看,PC 捕集电站的发电成本较低。输运床空气、输运床纯氧、水煤浆及干煤粉气化 IGCC

捕集电站的总投资需分别低于 7 925 元/kW、7 945 元/kW、7 346 元/kW 及 7 742 元/kW 时,各电站的发电成本将低于 PC 捕集电站的发电成本。

分析了不同 CO_2 处置方式及碳税政策对捕集电站经济性的影响,得到了不同情景下分别推动 PC 及 IGCC 电站引入 CO_2 捕集及封存技术的 CO_2 临界售价及临界碳税。其中,IGCC 电站的 CO_2 临界售价及临界碳税均低于 PC 电站。

4. 基于钙基吸收剂的 CO_2 吸收法在 IGCC 中的应用

钙基吸收剂应用于 IGCC 中时,可与 WGS 相结合实现变换过程脱碳,即为钙基吸收剂循环过程 CLP(Calcium Looping Process);亦可作为 CO_2 接受体应用于气化过程,实现气化过程脱碳,即为内在碳捕集气化过程。基于以上两个过程,分别构建了 IGCC-CLP 及内在碳捕集气化发电系统。从系统的角度,对煅烧反应器压力及供氧方式进行了研究。结果表明,从热力性能角度而言,两种系统中煅烧反应器均宜在常压下运行;若取消空分装置,在原有的 CO_2 吸收及再生过程双反应器基础上增加载氧体的氧化反应器,即可构成三反应器系统。此时采用载氧体循环方式供氧,两种系统的供电效率均稍有降低。对水碳比变化影响的研究表明,水碳比越低,两种系统的供电效率越高,但系统单位供电量排放的 CO_2 越多。在单位供电量 CO_2 排放相同的前提下,内在碳捕集气化发电系统的供电效率分别比基于输运床纯氧气化炉的 IGCC-CLP 系统及 IGCC-NHD 系统高约 4.7 及 7.7 个百分点。

内在碳捕集气化及 CLP 过程用于制氢时,与常规的 IGCC-NHD 制氢系统相比具有较大的优势。内在碳捕集气化、IGCC-CLP、IGCC-NHD 制氢系统的能量效率(LHV)分别为 70.6%、60.2% 及 58.3%。另外,IGCC-CLP 系统在制氢同时可联产一部分电能,系统能量效率比相同产出规模的 IGCC-NHD 氢电联产系统高约 7.1 个百分点。

在经济性方面,对基于 CLP 及内在碳捕集气化过程的发电系统,分析了关键单元投资变化对系统发电成本的影响。通过与基于常规脱碳过程的 IGCC 及 PC 捕集电站进行比较,得到了 IGCC-CLP 及内在碳捕集气化发电系统更具技术经济竞争力时的关键单元临界投资。其中,对内在碳捕集气化三反应器发电系统,反应器单元的投资若不高于相同煤处理量的输运床纯氧气化炉投资的 3.2 倍,系统的发电成本将低于 PC 基准电站的发电成本。

本书的部分成果由航空发动机及燃气轮机重大专项基础研究项目(2017-I-0002-0002)、重型燃气轮机及联合循环技术经济性分析模块及参数估计模块开发项目(U03459)以及中央高校基本科研业务费专项资金资助。

限于作者水平,书中难免存在疏漏之处,恳请专家、读者批评指正。

著 者
2021 年 5 月

目　　录

第1章 煤基电站二氧化碳捕集概述

1.1 研究背景

1.1.1 气候变化的挑战

全球气候变暖日益显著,已成为各国政府和公众关注的焦点问题。政府间气候变化专门委员会 IPCC(Intergovernmental Panel on Climate Change)2007 年发布的气候变化评估报告认为,人类活动导致的温室气体浓度上升是导致全球平均气温升高的主要原因。CO_2 作为主要的温室气体,其温室效应占所有温室气体的 77%。减少 CO_2 排放,对于应对全球气候变化十分必要,非常迫切。

2009 年 12 月,《联合国气候变化框架公约》第 15 次缔约方会议在丹麦首都哥本哈根召开,将全球温升控制在 2 ℃以内的目标作为共识写入了《哥本哈根协定》。全球应对气候变化的任务上升到前所未有的高度。对我国而言,虽然人均 CO_2 排放较低,但 CO_2 排放总量很大,面临着巨大的国际压力。

一般来说,CO_2 减排主要有三种方式:提高能效、调整能源结构及发展和应用 CO_2 捕集及封存 CCS(CO_2 Capture and Sequestration)技术。国际能源署预测,在温升 2 ℃以内的情景下,CCS 的减排贡献程度将从 2020 年占总减排量的 3% 上升到 2030 年的 10%,并在 2050 年将达到 19%,成为减排份额最大的单个技术。目前,欧美等发达国家都在积极发展 CCS 技术。美国、日本、加拿大、英国、德国、法国等主要发达国家都在大力发展 CCS 项目,例如美国的 FutureGen 计划,欧洲的 Hypogen 计划,澳大利亚的 ZeroGen 计划,日本的新阳光计划等。

我国是世界上少数几个以煤为主的国家之一,煤的主要应用是发电。在我国,燃煤电站的 CO_2 排放在总 CO_2 排放量中占约 50% 的份额。近年来,随着中国经济的发展,对电力的需求逐年增加,截至 2010 年底,装机容量已达 9.6 亿 kW,其中燃煤电厂约占 75%。预计到 2030 年,中国煤电的比例仍高至 78.4%。中国的能源结构决定了在以后相当长的一段时期内,电力行业以煤为主的格局不会改变。煤电带来的 CO_2 排放问题至关重要。因此,重视和研究煤基电站 CCS 问题,对于我国电力行业的可持续发展具有重要意义。

1.1.2 煤基电站 CO_2 捕集技术路线

应用于煤基电站 CO_2 捕集的技术路线主要有三种:燃烧后捕集、燃烧前捕集及富氧燃烧。

(1)燃烧后捕集,是指从燃烧后的烟气中分离和捕集 CO_2,主要应用对象是常规煤粉

PC(Pulverized Coal)电站。其主要优点是工艺成熟,原理简单,对现有电站的继承性好。缺点是,由于燃烧后烟气体积流量大,CO_2 的分压小,脱碳过程的能耗大,设备的投资和运行成本较高,捕集成本较高。

(2)燃烧前捕集,是指在燃料燃烧前将其中的含碳组分分离和捕集出来,主要用于整体煤气化联合循环 IGCC(Integrated Gasification Combined Cycle)电站。捕集过程为:气化炉产生的煤制气经净化后进入水煤气变换 WGS(Water Gas Shift)单元,其中的 CO 和水蒸气发生水煤气变换反应生成 CO_2 和 H_2,提高气体中 CO_2 的含量,而后对其中的 CO_2 进行分离。与燃烧后捕集相比,燃烧前捕集所需处理的气体体积大幅度减少,CO_2 浓度显著增大,从而大大降低了分离过程的能耗和设备投资。

(3)富氧燃烧,是指用 O_2/CO_2 混合物取代空气作为氧化剂,与燃料一同在富氧燃烧炉中进行燃烧。燃烧产物中 CO_2 的浓度达到 90% 以上,可直接进行分离,显著降低了捕集过程的能耗。由于助燃介质发生变化,这种技术的燃烧特性、烟气辐射换热特性、脱硫脱硝特性等都将发生变化。基于这种新型的燃烧技术,需要研发相应的纯氧燃烧炉。此外,富氧燃烧所需的氧气需要由空分系统供给,虽然 CO_2 分离过程能耗降低,但空分过程的应用增加了系统的能耗,且将大幅度提高系统的投资。富氧燃烧技术主要用于新建常规燃煤电站。

1.2　CO_2 分离技术

对采用燃烧前及燃烧后捕集的系统,其关键技术是 CO_2 的分离。对气体中的 CO_2 进行分离的方法有:吸收法(化学吸收法及物理吸收法)、吸附法、膜分离法及深冷法等。此外,近年来采用钙基吸收剂在较高温度下分离 CO_2 也成为研究热点之一。

1.2.1　吸收法

化学吸收法的原理是,原料气中的 CO_2 与吸收剂发生化学反应,将气体中的 CO_2 吸收,而后吸收剂经加热,将 CO_2 重新分解出来,从而达到分离回收 CO_2 的目的。目前较为成熟的化学吸收法工艺多基于乙醇胺类水溶液,如单乙醇胺法(MEA 法)、二乙醇胺法(DEA 法)和甲基二乙醇胺法(MDEA 法)等。近几年新发展的化学吸收法工艺包括:混合胺法、空间位阻胺法以及冷氨法等。化学吸收法适用于气体中 CO_2 浓度较低时的 CO_2 分离。其缺点是,吸收剂的再生热耗较高,吸收剂损失较大。

物理吸收法的原理是,在加压条件下用有机溶剂对酸性气体进行吸收来分离脱除酸气成分。溶剂的再生通过降压实现,所需再生能量相对较少。典型物理吸收法有聚乙二醇二甲醚法(国内称 NHD 法,国外称 Selexol 法)、低温甲醇洗等。物理吸收法适用于气体中 CO_2 浓度较高时的 CO_2 分离,如 IGCC 中的 CO_2 分离。它在较高的操作压力下进行,不适用于尾气中 CO_2 的分离。

1.2.2　吸附法

吸附法是通过吸附体在一定条件下对 CO_2 进行选择性吸附,而后通过恢复条件将

CO_2 解吸,从而达到分离 CO_2 的目的。根据吸附条件的不同,主要有变温吸附 TSA 法(Temperature Swing Adsorption)和变压吸附 PSA(Pressure Swing Adsorption)法两种。常用的吸附剂有天然沸石、分子筛、活性氧化铝、硅胶、"分子蓝"吸附剂、锂化合物吸附剂、碳基吸附剂等。吸附法制氢已有了一定的商业运用,已有研究表明其在工业规模下分离 CO_2 的可行性。吸附法分离 CO_2 的主要缺点是:分离率较低;具有较高 CO_2 选择性的吸附剂较少;用于电力行业时,吸附法存在成本过高的问题。

1.2.3　膜分离法

膜分离法利用特定材料制成的薄膜对不同气体渗透率的不同来分离气体。膜材料分为有机高分子膜及无机膜两种。有机膜的选择性及渗透性较高,而在机械强度、热稳定性及化学稳定性上不及无机膜。常见的膜材料包括:碳膜、二氧化硅膜、沸石膜、促进传递膜、混合膜、聚酰胺类膜及聚酰酸酯膜等。其中二氧化硅膜被认为最接近工业应用。膜分离法需要较高的操作压力,不适合于常规燃煤电站中 CO_2 的分离。膜分离法装置紧凑,占地少,且操作简单,具有较大的发展前景。其缺点是现有膜材料的 CO_2 分离率较低,难以得到高纯度的 CO_2,往往需要多级分离过程。

1.2.4　深冷法

深冷法是通过加压降温的方式使气体液化以实现 CO_2 的分离。此方法在液态状态下对 CO_2 进行分离,分离出的 CO_2 更利于运输及封存。同时此方法避免了化学或物理吸收剂的使用,不存在吸收剂腐蚀等问题,且耗水较少。但是深冷过程中需要消耗大量的能量,且设备投资较大,用于燃煤电站 CO_2 分离尚不可行。

1.2.5　钙基吸收剂固体吸收法技术

1. 应用于燃烧后捕集的钙基吸收剂碳化/煅烧过程

Shimizu 等在 1999 年提出了采用 CaO 作为 CO_2 吸收体的 CaO 碳化/煅烧概念,其概念流程如图 1.1 所示。CaO 本身具有较高的 CO_2 吸收容量。与目前较为成熟的 MDEA 法、NHD 法等低温湿法工艺相比,利用 CaO 作为固体吸收剂分离烟气中的 CO_2 可以在较高温度下对 CO_2 进行分离,且能联合脱除其他污染物(如 SO_2)。此外,钙基吸收剂分布广泛,价格低廉,使用后的吸收剂还可直接用于水泥生产。与其他碳捕集技术相比,CaO 碳化/煅烧过程更加具有经济可行性。

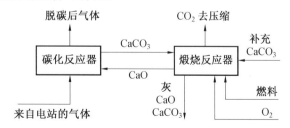

图 1.1　钙基吸收剂碳化/煅烧过程概念流程图

目前,美国、加拿大、德国、西班牙和中国都在积极进行钙基吸收剂碳化/煅烧过程的研究。研究主要集中在吸收剂的动力学特性及吸收剂的改性、反应器的设计与实现以及基于此过程的电站系统的流程构建及技术经济性分析等几个方面,目前已逐渐由实验室研究发展至小试或中试阶段。

2. 应用于燃烧前捕集的钙基吸收剂循环过程

钙基吸收剂亦可应用于燃烧前脱碳过程。此时,脱碳过程可与水煤气变换过程相结合,通过钙基吸收剂的循环,在变换过程中实现分离 CO_2。

较多学者对应用于煤气中 CO_2 分离的钙基吸收剂循环过程进行了研究,分析了吸收剂的循环特性、不同进口条件及反应条件的影响。结果表明,钙基吸收剂可促进 CO 的转换程度,且具有较高的 CO_2 吸收率;钙基吸收剂在循环过程中存在凝结团聚现象,在使用前需进行预处理或与其他吸收剂相结合。此外,也有学者基于此过程开展了反应器设计、再生条件优化等方面的实验研究。

基于钙基吸收剂的 CO_2 分离过程产物气中 H_2 的含量较高,目前的系统研究多以制氢为目的。文献[43]对基于钙基吸收剂循环过程的制氢系统的研究表明,系统的制氢效率为 63% ,比基于常规湿法脱碳技术的制氢系统高约 6 个百分点。此外,钙基吸收剂也被应用于生物质气化、甲烷重整制氢等系统中。

1.2.6　不同阶段 CO_2 分离技术选择

分析以上几种 CO_2 分离技术,常规吸收法工艺技术成熟,在化工行业已有广泛的应用,是近阶段煤基电站 CO_2 分离的重要技术选择。目前成熟的吸收法工艺,均是在低温湿法条件下运行。面向未来,在较高的温度下干法分离 CO_2 是重要的发展方向。对 PC 电站而言,钙基吸收剂碳化/煅烧技术是一种具有较高发展前景的技术。对 IGCC 电站而言,膜分离法及钙基吸收剂循环技术均是较适合的技术。这两种方法中,目前高温膜分离法的材料成本较高,且较难获得高纯度的 CO_2。相对而言,钙基吸收剂循环技术在经济性及高效性方面表现出了一定的优势。

1.3　煤基电站 CO_2 捕集技术经济性评估

1.3.1　煤基电站经济性评价模型

对电站进行经济性评估,首先要确立经济性评价的框架和体系。与发展较为成熟的 PC 电站相比,IGCC 电站的经济性评价体系还处于发展中。本节将主要介绍 IGCC 电站经济性评价模型的研究现状。

1. 国外研究现状

国外对 IGCC 发电技术的开发研究始于 20 世纪 70 年代,经过多年的商业示范,积累了大量的数据经验。20 世纪 80 ~ 90 年代起,国外开始提出针对 IGCC 主要设备的投资成本估算模型和 IGCC 电厂投资估算模型。美国电力研究所 EPRI(Electric Power Research Institute)、美国能源技术实验室 NETL(National Energy Technology Laboratory)、普林斯顿大学、卡耐基梅隆大学和美国能源部 DOE(Department of Energy) 等在 IGCC 的经济性研究方面做了大量工作,发展了若干评价 IGCC 经济性的指导性规范。例如 DOE 开发的计算 IGCC 经济性的软件 IGCC MODEL、EPRI 的 TAG(Electric Supply Technical Assessment Guide)模型等都是这方面的代表。

IGCC MODEL 是早期的 IGCC 经济性评价模型。该模型建立了从总投资、生产能力和运行条件等方面对 IGCC 项目进行经济评价的计算准则。EPRI 的 TAG 模型将 IGCC 系统分为六大子模块以及一些辅助系统,建立了用于 IGCC 项目经济性计算的指导规范。TAG 模型中给出了各项费用的计算结构和各项费用计提比例的推荐值,目前国外众多研究中的经济性假定均采用 TAG 模型的推荐值。

IGCC MODEL 和 TAG 模型均需用户给定电站的总投资成本或各单元的投资成本。而各单元投资成本的获得,一是通过设备提供厂商进行报价,二是通过规模缩放估算设备的采购成本,三是根据单元过程的关键性能参数对投资成本进行预测。从国内外的研究现状和热点可以看出,只有将工艺流程和参数纳入到经济性分析当中,才能准确得到 IGCC 的经济性表现。

卡耐基梅隆大学的学者更进一步将 IGCC 电站分为 13 个单元及 CO_2 捕集单元,基于关键性能对各个单元建立了带 CO_2 捕集的 IGCC 的成本预测模型。通过输入各个单元部件的关键性能参数,可以获得各单元的投资成本。在此基础上,引入 TAG 推荐的经济性假定,建立了 IECM(Integrated Environmental Control Model)模型,用于对 IGCC 进行技术、经济和环境综合评价。

2. 国内研究现状

国内的设备生产条件、财务分析、经济性评价方法以及电厂生产运行条件等均与国外存在较大差异,因此国外已有的研究结果在国内不能直接使用。21 世纪初我国有一些学者开始关注 IGCC 的经济性研究,通过建立各种修正方法尝试合理地引入国外模型。

清华大学的黄河等人在将 IGCC 电站分为六个单元的基础上,对国外现有的设备投资模型引入地区因子、规模因子、时间因子进行了修正,试图使这些模型较为符合我国实际情况,其研究工作在一定范围内较为准确。此外,黄河等人参考国外的计算框架,依据中国 IGCC 电站的实际情况,对 TAG 计算框架中各项的计提比例进行了修正,使预测结果更符合中国 IGCC 电站的实际情况。

中国科学院工程热物理研究所的黄粲然等参考国内外现有预测模型和工程数据,对六大单元逐一进行了更为细化的研究。在明确单元划分的基础上确定了各单元的关键性能参数,并通过数据拟合、地区因子、规模因子修正等方式,建立了各个单元的投资成本预测模型。同时,参考国内外总投资预测框架的结构和推荐取值,建立了一套适合于国内的 IGCC 电站总投资需求概算框架,根据 IGCC 电站的实际情况,明确了 IGCC 电站发电成本的各级费用构成及计算规范。此外,参考国内项目财务评价方法,建立了一整套 IGCC 电站经济性评价体系。并利用此平台对国内某 IGCC 示范电站的经济性进行了校核,结果表明,此平台可以用于国内 IGCC 示范电站经济性的评价。对 IGCC 捕集电站,黄粲然参考美国麻省理工学院的研究,根据不带捕集电站的经济性参数对带捕集电站的发电成本进行预测,此方法仅适用于 85%~90% 捕集率的情况。

总体上看,能够实现不同捕集率和不同 CO_2 捕集方法的 IGCC 捕集电站的经济性评价平台尚有待开发。

1.3.2　常规燃煤电站技术经济性评估

文献[59、60]对 2002—2005 年间针对新建常规燃煤电站 CO_2 捕集的研究进行了总结。这些研究中,电站规模通常选取在 300~700 MW,绝大多数研究采用的是常规胺法(MEA 法),捕集率在 85%~95%。结果表明,带 CO_2 捕集 PC 电站的系统效率为 30%~35%,CO_2 捕集技术的引入使原系统效率降低了 8~13 个百分点,发电成本提高了 42%~81%,CO_2 减排成本为 29~51 美元/t。由于不同研究间所选取的电站类型、煤种、系统容量因子、折旧系数等的不同,研究结果相差较大。

近年来,煤炭价格持续上涨,也对燃煤电厂的发电成本和 CO_2 减排成本产生影响。NETL2009 年报告中对常规燃煤电站 CO_2 捕集的研究表明,捕集后电站的发电成本及 CO_2 减排成本高于其 2007 年报告中的结果,比 2002—2005 年间研究结果更有大幅度提高。当然,CO_2 分离技术的进步也将提高电站的热力性能和经济性。

新建常规燃煤电站也可采用富氧燃烧方式进行 CO_2 的捕集,有学者对分别采用富氧燃烧和胺法后捕集方式的电站进行了比较,得出的结论不尽相同。文献[64、65]认为,富氧燃烧 PC 电站的能量损失和成本都比胺法后捕集电站低。文献[66]的研究表明,富氧燃烧 PC 电站的效率损失较大,而投资成本的增加较少。IEA 的 GHG(Greenhouse Gas R&D Programme)项目的研究则表明,这两种捕集方式下系统供电效率的损失相当,而富氧燃烧方式电站投资较大。根据以上的结果可以认为,在现有的技术水平下,很难判定燃烧后捕集或是富氧燃烧方式哪个更适合于新建 PC 电站的 CO_2 捕集。

冷氨法作为一种有潜力代替胺法的新技术,其在常规燃煤电站燃烧后捕集中的应用也受到了关注。对冷氨法而言,NH_3 溶液浓度及吸收温度均会大大影响捕集电站的性能。NH_3 溶液的浓度越高,电站的热力性能及经济性越好。NH_3 的浓度较高时,采用冷氨法的燃烧后捕集电站的热力性能及经济性优于采用常规胺法的电站。基于冷氨法的燃烧后捕集电站的供电效率随吸收温度的升高而升高。但吸收剂浓度及吸收温度越高,氨气的蒸发量越多,易对环境造成影响。研究指出,尽管 NH_3 溶液是一种较好的 CO_2 吸收剂,但是由于吸收剂的冷却及污染物减排所带来的能量损失较大,对采用燃烧后捕集的电站,MEA 法仍是更为经济的选择。

亦有较多的文献对采用 CaO 碳化/煅烧方式捕集 CO_2 的 PC 捕集电站的性能进行了研究。结果表明,电站的热力性能及经济性与吸收剂的类型及活性以及系统的热力集成有关。总结而言,系统的净效率损失在 6%~8%,远低于采用常规胺法的电站,且电站的 CO_2 减排成本及电站的发电成本也较低,CaO 碳化/煅烧方式是一种具有较大发展前景的 CO_2 捕集方式。

1.3.3　IGCC 电站技术经济性评估

对 IGCC 电站本身,系统单元技术的选择会对整体性能产生较大的影响,此方面的研究已有较多,也得到了较统一的结论。

考虑 CO_2 捕集以后,一般需要在原有的 IGCC 电站各单元的基础上加入 WGS 及 CO_2 分离单元。对 WGS 单元,需要消耗大量的中压蒸汽,这部分蒸汽通常从蒸汽循环抽取。进入 WGS 单元的煤气中水蒸气的含量越高,需抽取的蒸汽量越少。影响煤气中水蒸气含量的关键因素有气化炉技术、煤气冷却方式(煤气余热锅炉或是激冷)以及除尘方式(干法或是湿法)。此外,对 WGS 单元本身,采用何种变换方式(洁净变换或是耐硫变换)也会对后续流程及电站性能产生较大的影响。对 CO_2 分离单元,分离技术的选择,以及采用先脱硫后脱碳的方式还是 CO_2 与 H_2S 同时吸收的方式都将对电站的性能产生较大的影响。

1. 气化炉

目前,国外有较多的学者和机构对基于不同气化炉的 IGCC 捕集电站的性能进行了研究。研究或是针对某一种特定气化炉,或是对不同气化炉 IGCC 捕集电站的性能在统一基准下进行比较。比较的气化炉类型主要包括干煤粉供料的 Shell 气化炉、水煤浆供料的 GEE 气化炉及 E-Gas 气化炉,CO_2 的捕集一般采用 Selexol 法。以上研究得到的结论较为统一,即:基于激冷流程的 GEE 气化炉 IGCC 电站考虑 CO_2 捕集后供电效率的降低、发电成本的升高及 CO_2 减排成本均低于基于煤气余热锅炉流程的 Shell 气化炉电站;煤气余热锅炉流程 E-Gas 气化炉 IGCC 电站,捕集 CO_2 后性能的变化介于两者之间。对基于干煤粉供料的 Prenflo 气化炉及输运床气化炉 IGCC 电站分别采用低温甲醇洗法及 MDEA 法进行 CO_2 捕集研究,但未与其他气化炉进行比较。

输运床气化技术是一种基于循环流化床形式的气化技术,具有适合我国高硫、高灰、高灰熔点煤种的特点,同时具有优良的负荷调节能力,满足我国发展煤基多联产和 IGCC 对气化技术的要求。在统一基准下对输运床气化炉 IGCC 的 CO_2 捕集进行研究,并与水煤浆气化炉及干煤粉气化炉 IGCC 进行比较,具有重要的现实意义。

2. 气化方式

煤的气化可采用纯氧作为气化剂,也可采用富氧或空气作为气化剂。目前可采用空气作为气化剂的气化炉有日本三菱的两段式气化炉及输运床气化炉。清华大学高健的研究表明,无论是否考虑 CO_2 捕集,空气气化系统的热力性能均好于纯氧气化系统。但其研究中,空气气化系统采用的是日本三菱的两段式气化炉,而氧气气化系统采用的是 Shell 气化炉,比较并不在同一基准。美国南方公司对基于空气气化和氧气气化的输运床 IGCC 电站的研究表明,输运床空气气化 IGCC 电站捕集 CO_2 前后的热力性能及经济性均好于纯氧气化系统。但在南方公司的研究中,两种系统均采用 MDEA 法捕集 CO_2,而实际上对纯氧气化炉系统 NHD 法应更为有利。在同一基准上,进行更全面的气化方式比较是较为缺乏的工作。

3. 煤气冷却方式

对特定的气化炉而言,搭配何种煤气冷却方式对系统的热力性能及经济性会产生较大的影响。目前多数的研究中,对 GEE 气化炉采用的是激冷流程冷却,对 Shell 气化炉采用的是煤气余热锅炉冷却。

对 GEE 气化炉系统,文献[90、91]的研究结果表明,煤气余热锅炉流程系统的供电效率远高于激冷流程系统,其发电成本则略高于激冷流程系统。但在其研究中,气化炉的压力为 7 MPa,而气化炉单元的投资仍采用 3~4 MPa 压力下的数据。对 Shell 气化炉系统,文献的研究结果表明,考虑 CO_2 捕集时,部分激冷方式系统的供电效率比煤气余热锅炉方式系统低 1 个百分点。对输运床气化炉系统,目前的研究均采用煤气余热锅炉冷却方式,多种煤气冷却方式的比较还未见诸文献。

4. 水煤气变换方式及 CO_2 吸收方式

煤气经过冷却除尘后,可先经过脱硫再进行水煤气转换,即洁净变换。也可以在脱硫之前即 H_2S 存在的情况下进行变换,即耐硫变换。通常耐硫变换催化剂的价格比洁净变换高,但流程简单。已有研究表明,采用耐硫变换方式的 IGCC 捕集系统比采用洁净变换方式系统的供电效率高,发电成本低。CO 经过耐硫变换以后,可以选择 CO_2 和 H_2S 同时捕集或分别捕集的方式。研究表明,采用共同捕集方式的 IGCC 捕集系统的供电效率及经济性较好。但是,采用何种方式还需考虑到 CO_2 封存及利用的问题,封存带有 H_2S 的 CO_2 需要地理条件的允许及政府的支持。

5. CO_2 分离方式

如前所述,当气体中 CO_2 的含量较多时,采用物理吸收法较好。对 IGCC 而言,煤气经过 CO 转换以后,气体中 CO_2 的摩尔分数可达到30%以上,采用物理吸收法不仅能实现较好的分离要求,而且能大大减少能耗。在目前所检索到的文献中,对 IGCC 捕集系统的研究多数是采用物理吸收法,如 Selexol 法及低温甲醇洗法。只有个别研究采用 MDEA 或 MEA 等化学吸收法,研究也是为了与物理吸收法进行对比。文献[84、85]对分别采用几种分离方法的 IGCC 捕集系统的研究表明,采用低温甲醇洗方法系统的能量损失最少,供电效率最高。但由于工艺过程稍复杂,目前世界上拟建或在建的 IGCC-CCS 示范工程中采用的多为 Selexol 法。Selexol 法也是 CO_2 分离方式研究的重点。

6. CO_2 捕集率

CO_2 捕集率关系到 WGS 单元的蒸汽消耗以及 CO_2 分离过程的吸收剂流量及再生能耗,捕集率越高,投资及能耗损失越大。文献[82]对采用 Selexol 法、基于 GEE 气化炉的 IGCC 进行了75% ~92% 不同捕集率的研究,结果表明 CO_2 减排成本在90%捕集率时最低。文献[94]对采用低温甲醇洗法分离 CO_2 的系统效率的损失随捕集率(77% ~88%)变化的分析表明,CO_2 捕集率超过85%时,系统的效率的损失急剧上升。以上针对 IGCC 电站不同捕集率的影响的分析,均通过调节变换单元 CO 转换程度及吸收单元的 CO_2 的吸收率来实现。采用煤气分流变换后合并捕集的方法可方便地实现 CO_2 捕集率的调节。此方法在化工过程中较常采用,在 IGCC 中的应用值得探索。

1.3.4　现有技术下 IGCC 及 PC 电站的比较

已有对 IGCC 电站的研究表明,考虑 CO_2 捕集后,IGCC 电站的供电效率降低了6~11个百分点,发电成本增加了20% ~50% ,CO_2 减排成本为13~42美元/t。与 PC 捕集电站相比,IGCC 捕集电站的供电效率降低较少,捕集后电站的发电成本较低,CO_2 捕集成本较低。IEA 及 NETL 2007 年对 PC 捕集电站及 IGCC 捕集电站在统一基准下的比较,也得到了以上的结论。NETL 2010 年的报告对 2007 年报告中的投资数据进行了更新,并重新进行了比较。结果表明,除 GEE 气化炉 IGCC 捕集电站外,Shell 及 CoP 气化炉电站的发电成本均高于超临界 PC 捕集电站。其中,设备投资是使 IGCC 和 PC 捕集电站优势发生变化的决定因素。

除此之外,燃料价格、投资、电站规模、容量因子等其他经济性参数也将大大影响电站的经济性。

1.4 新型近零排放系统

实现近零排放的另一种途径是在燃料转化过程中直接分离高纯度的 CO_2。在各种新型近零排放技术中,载氧体燃烧技术及 CO_2 接受体气化技术受到最多关注。

1.4.1 载氧体燃烧技术

载氧体燃烧将传统燃烧反应分解为 2 个气-固化学反应,分别在燃料反应器和空气反应器中进行,两个反应器间通过载氧剂的循环实现氧的传输和能量的平衡。载氧体燃烧打破了传统的燃烧方式,在燃烧过程中实现 CO_2 的分离,是一种洁净高效的新一代燃烧技术。载氧体燃烧原理示意图如图 1.2 所示。

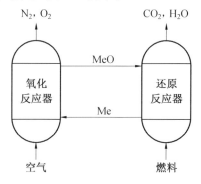

图 1.2 载氧体燃烧原理示意图

载氧体燃烧技术的主要优点在于:基于两步化学反应,实现了化学能梯级利用,具有更高的能量利用效率;空气反应器排放的主要是 N_2,不会污染空气;燃料在载氧剂的催进下燃烧,温度较低(600~1 200 ℃),不会生成氮氧化物;燃料反应器排放的主要为 CO_2 和水蒸气,只需简单的冷凝即可分离出高纯度 CO_2。

目前,对于载氧体燃烧技术的研究主要集中在氧载体的选择及特性、反应器设计及实验、系统设计与分析及与其他系统的耦合几个方面。氧载体的研究集中于 Ni 基、Cu 基、Fe 基等材料。由于在实际应用中会有少量的金属氧化物进入大气,造成新的污染,一些学者开始探索、寻找新型无污染氧载体的研究,如 $CaSO_4$ 等。在反应器设计方面,瑞典的 Lyngfelt 等人设计研究的串行流化床被认为是目前较为理想的载氧体燃烧反应器。许多国家的学者也基于此原理,建立了串行流化床的载氧体燃烧运行装置,并在这些装置上进行了一系列的实验研究。系统集成方面,研究对象主要是以天然气为燃料,采用载氧体燃烧与先进燃气轮机循环相结合的动力系统。近年来,也有学者和机构提出了以氢、甲醇等多种燃料载氧体燃烧为核心的热力系统,并开展了相关的理论和实验研究。

目前,以天然气为燃料的载氧体燃烧技术已进入中试阶段。载氧体燃烧技术下一步的研究方向包括:不同载氧体材料的微结构对化学链燃烧反应的影响;基于液体、固体燃料的载氧体燃烧的整体反应动力学的特征;各种串并行化学链燃烧循环流化床的通用设计理论及方法等。

1.4.2 CO_2 接受体气化技术

CO_2 接受体气化方式是 Conoco 煤炭发展公司于 1977 年开发的针对褐煤和亚烟煤的气化方式。CO_2 接受体法气化技术原理如图 1.3 所示。

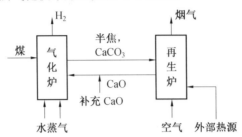

图 1.3　CO_2 接受体法气化技术原理

CO_2 接受体气化由气化炉和再生炉构成。与常规的气化技术相比,采用水蒸气作为气化剂,通过 CO_2 接受体的引入,实现在气化过程中捕集 CO_2 的目的。通常 CO_2 接受体选择为 CaO。CaO 吸收 CO_2 后生成 $CaCO_3$,送至再生炉中再生后循环利用。该系统中,气化炉单元无须额外的能量供给。再生炉中 $CaCO_3$ 分解所需要的热量主要由外界提供,来自于气化炉未反应的半焦与空气中的氧气燃烧产生的热量也可提供部分再生热量。此过程不仅可以实现 CO_2 的捕集,同时可以将煤中的硫最终以 $CaSO_4$ 的形式进行固化。

之后,国内外众多的研究者对此工艺进行了改进,将此技术用于 H_2 生产或 CO_2 捕集。由于所采用的工艺流程及相应参数的差别,产生了几种不同类型的基于 CO_2 吸收体法气化技术原理的零排放系统。具有代表性的有日本的 HyPr-RING 系统、美国的 ZEC (Zero Emission Coal) 系统、浙江大学的新型近零排放煤气化燃烧集成利用系统以及中科院工程热物理研究所的内在碳捕集气化系统。

1. 日本的 HyPr-RING 系统

HyPr-RING 计划是由日本的 CCUJ(Center for coal utilization,2005 年 4 月后被 LCOAL 合并,成为 Japan coal energy center)于 2000 年开始实施的。HyPr-RING 系统依据 CO_2 接受体气化的原理,以制氢为目的设计,采用 CaO 作为 CO_2 的吸收体。图 1.4 为 HyPr-RING 系统原理示意图。该系统相对简单,为了追求较低 CO_2 浓度的生成气,系统压力较高(10~100 MPa)。2002 年 Lin 等人开展了固定床上的气化实验,研究了 CaO 添加剂对产氢率的影响。2004 年进一步在连续给料试验系统中进行了煤与 CaO 混合物的水蒸气气化实验。2006 年建立了 50 kg/d 的流化床实验。连续的流化床实验表明,此系统可以产生>80% 浓度的 H_2,且 CH_4 的产量很小。可行性研究表明,基于此过程的制氢系统效率可达到 77%。

2. 美国的 ZEC 系统

美国的 ZEC 系统是美国 LANL(Los Alamos National Laboratory)实验室以及零排放煤联盟(Zero Emission Coal Alliance,ZECA)共同提出和发展的一种加氢气化概念,如图 1.5 所示。ZEC 系统由气化反应器、碳化反应器、煅烧反应器以及燃料电池构成。煤通过加氢气化产生 CH_4,而后 CH_4 在单独的碳化反应器中发生重整反应,产生富氢的产物气。CO_2

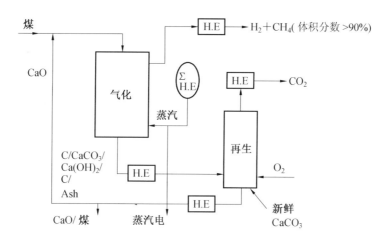

图 1.4　HyPr-RING 系统原理的示意图

接受体为 CaO,加入碳化反应器中,吸收重整反应产生的 CO_2。碳化反应器中产生的 H_2 一部分进入碳化气化反应器中用于加氢气化,另一部分进入燃料电池发电,燃料电池的废热用于煅烧反应器中 $CaCO_3$ 的再生。

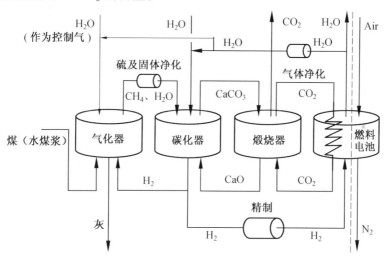

图 1.5　美国 ZEC 系统示意图

　　ZECA 基于此流程及燃料电池,构建了一个 600 MWe 零排放概念电站,进行了热力性能及经济性的分析。该系统的供电效率可达到 68.9%(HHV),远高于常规燃煤电站的效率。之后,ZECA 公司对该系统进行了一系列的实验和理论研究,主要集中在不同煤种的加氢气化特性、$CaO/CaCO_3$ 循环特性以及污染物的脱除问题等。目前,针对此系统进行的相关理论研究仍在继续。

3. 浙江大学的新型近零排放煤气化燃烧集成利用系统

　　图 1.6 为浙江大学提出的新型近零排放煤气化燃烧集成利用系统示意图。该系统的核心是煤气化燃烧集成制氢单元。该系统中,气化炉和燃烧炉采用循环流化床形式,其原理与 HyPr-RING 技术相近。不同的是此系统不追求碳化反应器出口气体很低的 CO_2 含

量,选用的操作压力为 2 ~ 3 MPa,远低于 HyPr–RING 系统,降低了对系统的要求。文献[125]对图 1.6 所示的系统进行了操作参数影响分析,确定了反应器温度、水碳比、钙碳比、碳转化率等操作条件。目前,浙江大学关键等人对煤气化燃烧集成制氢单元设计建造了一套最大工作压力为 2.5 MPa 的小型加压双循环流化床试验系统,通过加压实验研究,获得了两个反应器的临界流化风量。此外,双床联动试验表明,两个反应炉可以达到稳定的联动运行状态,反应炉之间能够进行有效的物料传输。

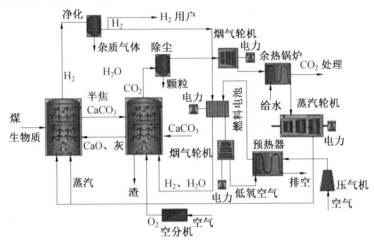

图 1.6　浙江大学新型近零排放煤气化燃烧集成利用系统

4. 中科院工程热物理研究所的内在碳捕集气化系统

图 1.7 为中科院工程热物理研究所提出的基于载氧体循环的内在碳捕集气化系统。此系统在 CO_2 接受体气化原理的基础上,增加载氧体循环过程,通过载氧体传输的方式,为 CO_2 释放反应器中半焦的燃烧供氧。系统构成也由原来的双反应器变为三反应器,即气化反应器、再生反应器及空气反应器。在该系统中,再生反应器和空气反应器的压力不局限于高压力情况。加压操作时,再生反应器和空气反应器出口的气体首先经过高温气

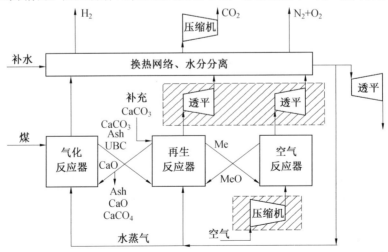

图 1.7　基于载氧体循环的内在碳捕集气化系统

体透平做功再进入换热网络;当再生反应器和空气反应器处于常压操作时,阴影部分的单元(空气压缩机和两个高温气体透平)就取消了。

文献[130、131]将以内在碳捕集气化制氢为目的,构建了系统并进行了热力学计算,同时建立了定容实验系统,开展了基于 CO_2 吸收体、载氧体催化剂特性等的实验研究。2005 年,中科院工程热物理研究所建成了煤炭直接制氢和 CO_2 捕集的加压连续实验系统(8 g/min),实现了连续给料、连续反应、连续检测,建成包括 O_2 载体、CO_2 载体、催化剂研究的完整的平台。目前有关热化学机理、载体特性与选择等工作正在深入开展中。

5. 其他研究

近年来,基于 CO_2 接受体气化技术的研究一直在持续。与以上系统类似的还有 AGC 系统、SEHP 系统、LEGS 系统等。文献[136]对基于 HyPr-RING 的系统进行了改进,将原系统中的气化炉反应器分为气化反应器和上升管反应器两部分,分别发生煤的气化反应和 CO_2 的吸收反应。文献[136]认为,此过程可提高产物气中 H_2 的含量,与 HyPr-RING 系统相比,降低了反应器的操作压力,且能更好地实现系统能量的集成。除了以煤为燃料,也有研究将此技术应用于生物质的气化。

总体而言,目前基于 CO_2 接受体的气化技术主要分为两类:一种是由气化反应器和再生反应器构成的双反应器系统,再生反应器中焦的燃烧需要空分装置提供纯氧;另一种是在第一种系统的基础上引入载氧体燃烧技术构成三反应器系统,即再生反应器中的纯氧通过氧载体提供,从而可取消空分装置。系统中 CO_2 的接受体多采用 CaO。基于此技术的系统研究目前大多基于第一种系统。研究表明,双反应器制氢系统的制氢效率可达到 77%。当用于发电时,基于双反应器制氢并与燃料电池相结合的发电系统的发电效率可达到 67%。文献对基于双反应器气化技术并与燃气轮机联合循环相结合的发电系统的研究表明,与常规的 IGCC 捕集系统相比,新系统的供电效率高约 6 个百分点。目前对此技术的研究主要用于制氢,用于发电系统时,尚未充分考虑关键单元的操作条件对系统整体性能的影响,对三反应器系统的研究不足。

1.5　本书内容及框架

国外众多研究机构和学者对基于不同技术的煤基电站及其 CO_2 捕集系统进行了研究,取得了一些与技术经济评价相关的数据及结论。然而鉴于不同国家之间国情的差异,尤其对中国而言,煤基电站技术的技术水平与发达国家存在着较大的差异,加之中国的燃料及原材料价格、人工成本、政策法规、财政补贴、经济性评价方法等的不同,我国煤基电站 CCS 的发展不能完全依靠国外的研究结论及数据。在我国国情的基础上,对不同煤基 CO_2 减排电站进行技术经济性评估,并考虑采用先进捕集技术对 IGCC 性能的影响,对我国 CCS 技术的发展具有重要意义。

本书的主要内容包括:

(1)IGCC 系统关键部件数学模型的建立及验证。

建立 IGCC 捕集电站各主要单元,如不同型式气化炉单元、空分单元、脱硫及硫回收单元、水煤气变换单元、不同 CO_2 分离方法、燃气轮机等单元的热力学模型并通过文献或工程数据进行验证。对不同的 CO_2 分离方式进行比较。

（2）IGCC 捕集电站单元过程投资成本预测模型及经济性评价平台。

以关键参数为变量研究主要单元投资成本的变化规律，对 WGS 单元、CO_2 吸收单元、CO_2 压缩单元分别建立反映其投资成本变化的投资成本预测模型，并反映国产化和进口引入的地区影响。对已有的 IGCC 电站主要单元投资成本预测模型中的气化部分进行细化和补充，使其能够反映不同煤气冷却方式的影响。另外，对 IGCC 基准电站经济性评价平台进行补充和调整，完善 IGCC 捕集电站的经济性评价平台。

（3）基于现有技术的煤基 IGCC 捕集电站的技术经济性分析。

研究不同气化技术、煤气冷却方式、氧气/空气气化、CO_2 分离方法、捕集率等选择对 IGCC 捕集电站热力性能及经济性的影响。对 IGCC 捕集电站与 PC 捕集电站进行比较，分析煤价、投资、电站运行时间、CO_2 出售、封存、碳税等因素对电站经济性的影响。

（4）基于钙基吸收剂的 CO_2 吸收法在 IGCC 中的应用。

分析基于钙基吸收剂的 CO_2 吸收过程在 IGCC 中两种位置的应用。构建 IGCC-CLP、内在碳捕集气化双反应器及三反应器发电系统及制氢系统，并对不同流程配置、关键过程参数的影响进行分析。对 IGCC-CLP、内在碳捕集气化双反应器及三反应器发电系统，分析关键单元的投资对电站经济性的影响，给出系统的发电成本达到不同水平时的关键单元临界投资。

第2章 IGCC系统关键部件数学模型

系统分析的基础是部件的数学模型。本章在 Aspen 及 Gatecycle 软件中建立了 IGCC 捕集电站的主要部件或单元数学模型并进行了验证。然后对不同 CO_2 分离方法进行比较及关键参数的敏感性分析。建立的主要部件或单元模型包括:多种类型气化炉、高低压空分、脱硫及硫回收单元、燃烧中低热值燃料气的燃气轮机、余热锅炉及汽轮机、水煤气变换单元、CO_2 分离单元。

2.1 模型设计基础

图2.1为 IGCC 系统的简化流程图。气化炉产生的粗煤气经冷却后,进入除尘单元去除其中的未反应碳、飞灰等颗粒物,而后进入脱硫单元脱除其中的含硫组分,成为净煤气。净煤气经过湿化后预热至燃气轮机的阀站温度,进入燃气轮机燃烧室燃烧,产生的尾气用于驱动透平做功。燃气轮机排气进入余热锅炉单元产生蒸汽,驱动蒸汽轮机做功。空分过程用于提供气化炉所需的氧气,空分过程可以单独运行也可与燃气轮机单元进行部分或完全地集成。图2.1和图2.2所示的系统中,空分过程与燃气轮机单元部分集成,即空分单元所需要的空气一部分从燃气轮机的压气机末端抽取,空分过程产生的 N_2 回注至燃气轮机的燃烧室。IGCC 系统中引入 CO_2 捕集后,煤气经除尘后进入 WGS 单元,将其中的 CO 大部分转换成 CO_2,而后进入 CO_2 分离单元将其中的 CO_2 分离出来,从而得到洁净的富氢燃料气,如图2.2所示。

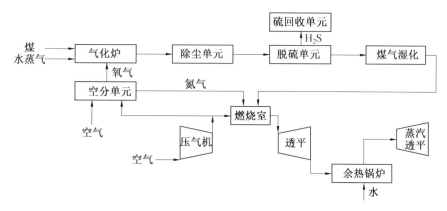

图2.1 不带 CO_2 捕集的 IGCC 基准系统流程图

研究中采用的煤种为大同烟煤,其煤质分析如表2.1所示。

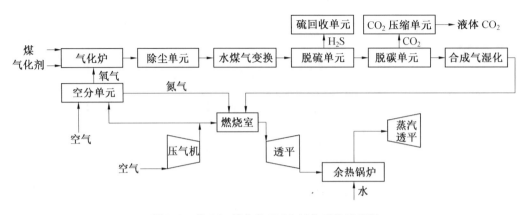

图 2.2　带 CO_2 捕集的 IGCC 捕集系统流程图

表 2.1　大同烟煤煤质分析

工业分析		元素分析（dry）	
M_{ar}	8.00	C_d	56.75
A_d	31.52	H_d	3.53
FC_d	54.10	O_d	6.16
V_d	14.52	N_d	1.16
		S_d	0.87
		A_d	31.52
高位热值 dry/（kJ·kg^{-1}）:23 877		低位热值 ar/（kJ·kg^{-1}）:21 236	

2.2　IGCC 系统关键部件数学模型

2.2.1　气化炉

目前典型的气化炉技术有三种,分别是干煤粉气化(以 Shell 气化炉为代表)、水煤浆气化(以多喷嘴对置式水煤浆气化炉为代表)以及输运床气化(以粉煤加压密相输运床气化炉为代表),其中输运床气化炉分别采用纯氧和空气作为气化剂。

在 Aspen Plus 中对三种气化炉进行模拟。图 2.3 为气化炉单元模型的简单示意图。在图 2.3 中,未体现出对不同气化炉型式、进入气化炉的煤的流态以及部分其他物流。在实际模拟中,对于水煤浆气化炉,煤磨碎后与水混合制成水煤浆,经加压后以水煤浆的形式进入气化炉。对于干煤粉气化炉,煤粉经干燥后由 N_2 输送至气化炉内。对于输运床气化炉,考虑到所选用的煤种属于低硫煤,未考虑炉内脱硫,煤气中的硫均在之后的脱硫单元进行脱除。此外,对输运床气化炉,分别采用了氧气和空气作为气化剂。

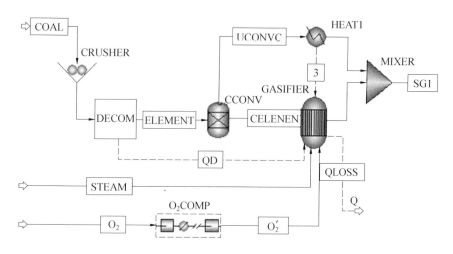

图 2.3 气化炉单元模型示意图

采用平衡模型对气化炉进行模拟,对于水煤浆气化炉和干煤粉气化炉,采用完全的平衡模型的模拟结果即与实际值相近。而对于输运床气化炉模型,采用完全平衡模型模拟的结果与实际值有一定的差距,因此采用碳转化率作为动力学参数修正平衡模型并给定部分反应的平衡温距。考虑气化炉的主要产物为 CO、H_2、CO_2、CH_4、Ar、N_2、H_2S、COS、O_2、NH_3、H_2O、C(固体)、灰(固体)。几种气化炉模型的参数选取、化学反应及平衡温距的选取如表 2.2 所示。其中水煤比、水煤浆浓度等参数参考文献选取,氧煤比通过设定气化炉的热损失为气化炉进口煤总热量的 2% 确定。通过建立的模型对文献进行复现并验证,验证结果如表 2.3 ~ 表 2.4 所示。验证结果表明,水煤浆与干煤粉气化炉模拟结果与文献值相差均较小,输运床纯氧及空气气化炉除部分微量元素相差较大外,主要成分相差均较小。

表 2.2 气化炉模型参数选取

	输运床(纯氧)	输运床(空气)	水煤浆	Shell
气化炉压力/MPa	3	3	3	3
气化炉温度/℃	1 050	1 050	1 350	1 400
碳转化率/%	98	98	99	99.5
气化炉热损失/%	2	2	2	2
水/干煤(质量),水煤浆浓度	0.66	0.4	0.665	0.11
N_2/煤	—	—	—	0.13
$C+H_2O \rightleftharpoons CO+H_2$	0	0	0	0
$CO+H_2O \rightleftharpoons CO_2+H_2$	−180 ℃	0	0	0
$CO+H_2O \rightleftharpoons CO_2+H_2$	−200 ℃	−230 ℃	0	0
$3C+2O_2 \rightleftharpoons CO_2+2CO$	0	0	0	0
$COS+H_2O \rightleftharpoons CO_2+H_2S$	0	0	0	0
$N_2+3H_2 \rightleftharpoons 2NH_3$	0	0	0	0

表 2.3　水煤浆气化炉及干煤粉气化炉模型验证结果　　　　　　　　%

名　　称	水煤浆气化炉			干煤粉气化炉		
	文献值	模拟值	相对误差	文献值	模拟值	相对误差
CO	41.00	40.90	0.00	61.50	61.41	0.14
H_2	30.10	29.87	0.01	30.30	30.29	0.04
CO_2	10.00	10.03	0.00	1.30	1.31	0.84
CH_4	0.15	0.13	0.13	0.08	0.08	1.81
N_2	0.93	0.95	0.02	5.38	5.57	3.53
H_2S	1.02	1.04	0.02	1.25	1.24	0.44
COS	0.04	0.05	0.15	0.08	0.08	3.29
H_2O	16.80	17.07	0.02	1.90	1.97	3.84

表 2.4　输运床纯氧及空气气化炉模型验证结果　　　　　　　　%

名　　称	输运床(纯氧)			输运床(空气)		
	文献值	模拟值	相对误差	文献值	模拟值	相对误差
CH_4	2.57	2.59	0.79	2.14	2.16	0.93
CO	31.48	31.49	0.03	22.25	22.24	0.04
CO_2	18.69	18.70	0.05	7.92	7.94	0.25
H_2	28.49	28.50	0.04	11.30	11.27	0.27
H_2O	17.24	17.29	0.29	5.44	5.52	1.47
H_2S	0.12	0.13	8.33	0.07	0.08	14.29
N_2	1.10	1.11	0.91	50.70	50.69	0.02
NH_3	0.27	0.19	29.63	0.16	0.10	37.50

在大同煤种下,基于不同气化炉出口粗煤气的成分、热值及气化炉冷煤气效率如表 2.5。

表 2.5　不同气化炉粗煤气成分及热值　　　　　出口煤气体积成分/%

名称	输运床(纯氧)	输运床(空气)	水煤浆	干煤粉
CO	32.46	21.56	39.43	61.12
H_2	34.81	15.04	25.98	29.75
CO_2	12.71	5.92	10.41	00.23
CH_4	1.62	0.24	0.00	0.26
N_2	1.29	48.97	1.72	7.91
H_2S	0.26	0.16	0.28	0.33
COS	$1.24×10^{-4}$	$7×10^{-5}$	$1.42×10^{-4}$	$2.36×10^{-4}$
NH_3	$7.8×10^{-5}$	$1.36×10^{-4}$	$2.2×10^{-5}$	$5.2×10^{-5}$
H_2O	16.82	8.10	22.17	0.38
冷煤气效率/%	81.93	72.63	71.68	82.39
煤气热(LHV)/$(kJ \cdot kg^{-1})$	9 987.49	4 143.84	8 508.02	12 296.78

2.2.2　除尘单元

煤气净化的主要内容是除尘和脱硫。在 IGCC 系统中,煤气的净化工艺分为低温煤气净化工艺(<250 ℃)和中高温煤气净化工艺(250 ~ 600 ℃)。常用的低温除尘工艺包括:一级干式除尘(旋风分离器),再加一级湿式洗涤除尘器(文丘里洗涤器)。已示范的 IGCC 系统多采用低温除尘工艺。中高温除尘工艺的主要设备包括高温旋风分离器、移动床颗粒层过滤器和陶瓷过滤器等。低温湿法除尘工艺选用一级旋风分离器加一级文丘里洗涤器的组合,中高温干法除尘工艺采用陶瓷过滤器。各部件的操作温度及除尘效率的设定如表 2.6 所示。

表 2.6　操作温度及除尘效率的设定

名　　称	操作温度/℃	除尘效率/%
旋风分离器	350	90
文丘里洗涤器	190	99.8
陶瓷过滤器	350	99.8

2.2.3　脱硫及硫回收单元

脱硫分为干法脱硫及湿法脱硫两种,较常采用的是湿法脱硫。常见的湿法脱硫工艺有 MDEA 法、NHD 法和低温甲醇洗法。其中,NHD 法具有选择性好、化学稳定性及热稳定性好、能耗低、投资相对较小等优点,是国内化工行业广泛采用的脱硫工艺。脱硫工艺采用 NHD 法,硫回收单元采用 Claus+SCOT 硫回收及尾气处理工艺,脱硫过程的模拟采用分离器模型,设定脱硫单元各组分的分离率,并采用东华工程科技有限公司提供的脱硫单元的数据进行校准。Claus 硫回收单元采用文献[127]的模型,该文献对某煤气化联产系统的净化和 Claus 硫回收进行了验证,结果表明其建立的模型可以用于 IGCC 和联产系统煤气净化及硫回收的模拟。

2.2.4　湿化器

燃料湿化或空气湿化能够有效地回收 IGCC 中的中低品位热量并降低 NO$_x$ 的排放。对湿化器的模拟采用文献[87]所建立的湿化器模型,在计算中取湿化器最小节点温差为 2 ℃。文献[87]对文献[143]中的湿化器进行了验算,结果表明,出口气体的温度和加湿量及水流量误差均在 2% 以内。

2.2.5　燃气轮机单元

燃气轮机是 IGCC 的主要动力输出单元。发电用的燃气轮机通常是针对天然气或者是轻柴油等燃料而设计的,当改烧低热值煤气以后,会产生出力显著增加和喘振裕度减少的问题,即燃机的通流问题,煤气热值越低,通流问题越严重。对改烧低热值的燃气轮机的性能进行预报,成为国内外众多学者研究的重要方向。

燃气轮机采用 GE 公司的 PG9351FA 燃气轮机机组,文献[144]在 gPROMS 中建立了考虑三级透平冷却的 PG9351FA 燃气轮机模型,参考文献[144]中对透平冷却信息的推测方法及关键参数的设置,在 Gatecycle 中建立了考虑三级透平冷却的烧天然气的 PG9351FA 机组。燃烧低热值煤气时,使模型在变工况下运行。

1. PG9351(FA)型燃气轮机建模

在 Gatecycle 中建立如图 2.4 所示燃机模型。燃烧室效率以及压损分别取为 0.995 及 0.035。燃料流量由功率及燃料热值求得为 14.233 kg/s。压气机及透平各级取相同的等熵效率。燃烧室出口温度、一级动叶前温、各级冷却空气流量等信息参考文献的推测结果,如表 2.7 所示。压气机进气以及透平排气压损取为 77.2 mmH$_2$O 及 139.7 mmH$_2$O。

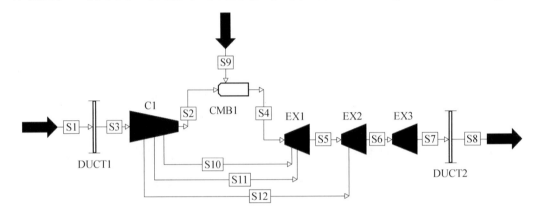

图 2.4　Gatecycle 中建立的 PG9351(FA)燃机模型

表 2.7　PG9351(FA)天然气燃气轮机参数优化结果

项目	数值
燃烧室出口温度/℃	1 400
压气机等熵效率	0.88
透平等熵效率	0.863 5
一级动叶前温/℃	1 327.4
一级透平静叶冷却空气流量/(kg·s^{-1})	54.8
一级透平动叶冷却空气流量/(kg·s^{-1})	32.5
二级透平静叶冷却空气流量/(kg·s^{-1})	27
冷却空气总量/(kg·s^{-1})	114.3
冷却空气量占压气机流量百分比/%	18.3
一级静叶冷却空气量占冷却空气总量百分比/%	47.9
一级动叶冷却空气量占一级静叶空气总量百分比/%	59.3
二级静叶冷却空气量占一级静叶空气总量百分比/%	49.3

文献[144]对基于以上数值的天然气燃气轮机的设计工况及变工况性能进行了校核,表明该模型可相对准确地预测 PG9351(FA)燃气轮机的性能。

2. 煤气燃气轮机性能

采用 PG9351(FA)燃气轮机燃烧煤气时,使其在变工况下运行。在燃气轮机改烧低热值煤气时,其功率会较烧天然气时有较大的提高,但功率的提高受到轴扭矩的限制。GE 公司建议,9FA 燃机改烧低热值煤气后的最大输出功率不超过 286 MWe,因此,限制 GE9351FA 燃气轮机出力为 286 MWe。燃机的通流调整通过空分整体化实现,如仍超过限制,通过关小压气机进口导叶 IGV(Inlet Guide Vane)进一步减少空气流量。

IGV 调整后,需对压气机的标准折合流量、标准压比及等熵效率进行修正。假设 IGV 角每关闭 1 度,压气机标准折合流量和标准压比均减少 1%。等熵效率进行修正:

$$\eta = \eta_n(1 - angle \cdot VEC) \tag{2.1}$$

式中,η 为等熵效率;angle 为 IGV 关闭角度;VEC 为 IGV 角效率修正系数;下标 n 表示原特性线对应点。

对 PG9351(FA)燃气轮机效率修正系数取为 0.004 4。

3. 低热值煤制气燃气轮机 NO_x 排放计算

目前烧低热值煤气的燃气轮机燃烧室均采用扩散燃烧方式。扩散燃烧方式的火焰温度较高,NO_x 排放也较高。为了降低 NO_x 排放,通常采用 N_2、水蒸气或 CO_2 等稀释剂对燃料或空气进行稀释,其中,CO_2 稀释效果最好,其次是水蒸气和 N_2。而在 IGCC 中,N_2 和水蒸气都较容易获取,且对 IGCC 捕集电站,目标是减少 CO_2 的排放,不宜用 CO_2 进行稀释,所以一般采用 N_2 或者水蒸气稀释,或者两种稀释剂同时使用。文献[87]对文献[148]及 Cool Water IGCC 电站 NO_x 排放数据进行拟合,得到燃气轮机 NO_x 排放量计算式如下:

$$\ln(E_{NO_x}) = 0.002\,58T_{out} + 0.006\,94T_{flame} -$$
$$(15.170\,31 \times X_{H_2O} + 14.874\,45 \times X_{N_2} + 15.530\,45 \times X_{CO_2}) \tag{2.2}$$

式中,E_{NO_x} 为 NO_x 排放量,单位 ppmv@15%O_2;T_{out} 表示燃烧室出口温度;T_{flame} 为绝热火焰温度;X_{H_2O}、X_{N_2}、X_{CO_2} 分别为 H_2O、N_2 和 CO_2 占稀释剂的体积比。

2.2.6　空分单元

1. 空分工艺的选择

空分单元采用低温深冷分离工艺。深冷空分按其操作压力分为高压空分和低压空分,按照产品气体的压缩方式可以分为内压缩流程和外压缩流程。与外压缩相比,内压缩流程安全性更好,但耗能略高。图 2.5 为深冷空分外压缩流程示意图。已有研究表明,干煤粉气化、水煤浆气化及输运床纯氧气化 IGCC,采用高压空分时,整体化空分系统的效率较高,N_2 完全回注时系统的 NO_x 排放较低,而过高的整体化率不利于系统的控制,30% ~ 50% 的空分整体化率是比较合适的。而采用低压空分时,宜与完全独立空分配合且 N_2 不回注。因此,采用高压空分时统一采用 50% 空分整体化率,N_2 完全回注的方式;采用低压空分时,采用独立空分,N$_2$不回注的方式。

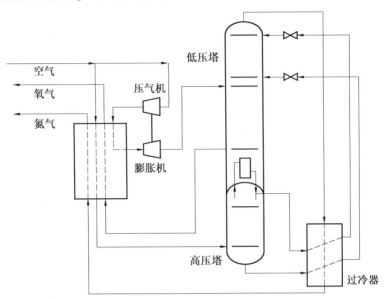

图 2.5　深冷空分外压缩流程示意图

2.空分过程的模拟

参考文献[149]建立空分过程模型,分为空分塔部分和热量交换部分。空分塔部分包括上下两个塔,在 Aspen 中将上下塔分别用两个 Radfrac 模块进行模拟。下塔为带冷凝器,无再沸器的高压塔;上塔为无冷凝器,带再沸器的低压塔。空分塔部分及热量交换部分模拟中的主要参数设定如表 2.8 所示。

表 2.8　空分塔及热交换部分参数设置

项目	参数
塔板数	上塔:69,下塔:45
过冷度	液氮:3 K,液空:8 K
上下塔间主冷却器温差	2 ℃
产品纯度	液氮:99.9%,液氧:95%

空分过程的耗功主要在于压缩机(主要包括主空气压缩机、氮气压缩机和氧气压缩机),而空分压缩机效率及进出口压力是空分耗功计算的关键。高压及低压空分主空压机出口压力分别为 1.54 MPa 及 0.615 MPa,当主冷温差为 2 ℃ 时,氮压机和氧气机进口压力分别为 0.515 MPa 及 0.113 8 MPa。各压缩机效率及级数参考文献[87]选取,如表 2.9 所示。

文献[87]利用表 2.9 的参数设定对国内空分厂的运行数据进行了能耗的校核,表明,采用以上数据对空分耗功的模拟结果是合理的。

表 2.9　空分压缩机参数设定

名称	高压空分	低压空分
主空压机级数	4 级中冷	3 级中冷
主空压机出口压力/MPa	1.54(F 级燃机的 IGCC)	0.615
主空压机级等熵效率	0.83	0.83
精馏塔出口氮气氧气压力/MPa	0.515(F 级燃机的 IGCC)	0.113 8
氧气压缩机级数	6 级中冷	6 级中冷
氧气压缩机等熵效率	0.74	0.74
氧压机出口压力/MPa	4	4
氮气压缩机级数	4 级中冷	4 级中冷
氮气压缩机级等熵效率	0.83	0.83

2.2.7　余热锅炉和汽轮机

余热锅炉的配置通常有单压、双压(有再热和无再热)和三压(有再热和无再热)几种,选择何种余热锅炉配置,直接影响到联合循环的输出功和效率。GE 公司设计联合循环时,根据燃气轮机的排气温度来选择余热锅炉配置,当排气温度低于 538 ℃时,不宜采用再热循环方式,但它们可以是单压的、双压的或者是三压的循环方式。当排气温度增高到 593 ℃时,则应考虑采用三压有再热的蒸汽循环方式。F 级燃气轮机的排气温度在 600 ℃左右,因此,选择三压再热式的余热锅炉配置。

余热锅炉及汽轮机所采用的典型参数选择如表 2.10 所示,均在 Gatecycle 中完成。

表 2.10　余热锅炉及汽轮机主要参数设置

名　称	参数
高压蒸汽参数(压力 MPa/温度 ℃)	10/565
再热蒸汽参数(压力 MPa/温度 ℃)	4/565
低压蒸汽参数(压力 MPa/温度 ℃)	0.4/260
汽轮机高/中/低压缸效率	0.88/0.92/0.90
汽轮机排气压力/MPa	0.006
余热锅炉排烟温度/℃	100
省煤器接近点温差/℃	≥10
蒸发器节点温差/℃	≥10
过热器端差/℃	≥20

2.3　WGS 单元

在捕集 CO_2 的系统中,WGS 反应是一个关键的反应,它几乎可以将所有的 CO 转换为 CO_2,使其在燃烧之前捕集。WGS 反应如下:

$$CO+H_2O \Longleftrightarrow CO_2+H_2 \tag{2.3}$$

式(2.3)是一个放热反应,温度越高,越不利于反应的进行。进入反应器的气体中水蒸气的含量越高(即 H_2O/CO 越高),反应越易向右侧进行,则 CO 的转化率越高。水碳比越高,CO 的转化率越高,相同转化率时,平衡温度越高。

2.3.1　CO 转换方式

CO 转换分为洁净转换及耐酸转换两种。洁净转换是指进入 WGS 单元的气体首先经过脱硫工艺脱除了其中的含硫物,气体中不含或仅含很少量的硫;耐酸转换是指进入 WGS 单元的气体中可以有含硫物质的存在。两种方式的主要差别在于所采用的催化剂不同。

在 IGCC 中,CO 转换方式的选择取决于气化炉的类型及变换前流程的配置。对于一个干煤粉供料、煤气余热锅炉冷却的 Shell 气化炉,选用洁净变换或耐酸变换均可,具体的选择可以从系统效率角度进行流程配置。对采用激冷流程的水煤浆气化炉 IGCC,选用耐酸转换较好,因为激冷过程后,煤气中还有大量的水分,直接送往 WGS 单元,可以减少额外的水蒸气消耗。在 IGCC 碳捕集系统中通常采用耐硫变换。

2.3.2　WGS 反应器建模

尽管对 CO 转换过程,低温有利于反应的进行,然而温度越低,反应的速率越低。因此,WGS 反应通常分别在两个反应器中进行。第一个反应器的温度较高,将大部分的 CO 转换成 CO_2,而后经过中间的冷却过程,将气体冷却到较低的温度,进入第二个反应器,完成剩余的反应。

采用两级反应器的模型,建立如图 2.6 所示的 WGS 反应的单元模型。设定高温反应器的温度为 450 ℃,低温反应器的温度为 230 ℃。从高温反应器到低温反应器过程气体释放的热量用于产生中压及低压蒸汽。设定高温反应器进口的 $H_2O/CO=3$,通过调节低温反应器的平衡温距,使整个 WGS 过程可以实现的 CO 转换率为 97%,以实现系统 90% CO_2 捕集率的要求。

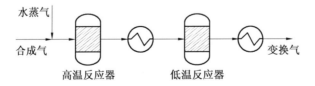

图 2.6　WGS 单元模型图

2.4　CO₂ 分离单元

基于燃烧后捕集方式的常规燃煤电站,多采用 MEA、MDEA 等氨基化学吸收法。基于燃烧前捕集方式的 IGCC 电站,采用物理吸收法或化学吸收法均可,如低温甲醇法、Selexol 法、NHD 法或 MDEA 法。尽管低温甲醇洗法的能耗更低,但低温甲醇洗法工艺流程较为复杂,目前国内外研究中更多采用的是 Selexol 法(即 NHD 法),国外日前拟建或在建的 IGCC 捕集电站示范项目也多采用的是 Selexol 法。

在本书的分析比较中,对燃烧后捕集采用 MEA 法进行 CO_2 分离,对 IGCC 中的 CO_2 捕集采用 NHD 法及 MDEA 法。

2.4.1　MEA 及 MDEA 法分离 CO₂ 模拟

MEA 和 MDEA 均属于乙醇胺类溶液。MEA 为一乙醇胺,MDEA 为甲基二乙醇胺。MEA 是胺类中碱性最强的,因而与 CO_2 和 H_2S 反应快,净化气净化度高,吸收能力在胺类中最大。其缺点是再生热耗较高,溶液的腐蚀性大,与 CO_2、CS_2、SO_2 反应生成不能再生的化合物;蒸气压较高,因此溶剂的损失大;对 H_2S 吸收不具有选择性,但其在处理 CO_2(或 H_2S)分压低的气体时 MEA 法具有一定的优越性。与 MEA 相比,MDEA 的选择性更强,反应热更低,对容器的腐蚀性相对较小,溶液稳定,不降解,流程简单,氢氮气溶解损失少,吸收压力范围广。

MEA 法和 MDEA 法分离 CO_2 的基本流程相同(图 2.7),溶液成分及浓度不同,在用于不同场合时,操作条件不尽相同。工业 MEA 溶液的质量浓度通常为 30%,MDEA 溶液的质量浓度为 50%。

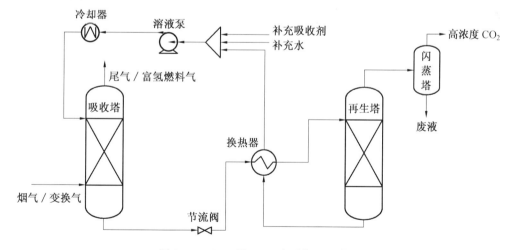

图 2.7　MDEA 及 MEA 法吸收 CO_2 流程

在 Aspen Plus 中对如图 2.7 的 MEA 法及 MDEA 法分离 CO_2 流程进行模拟。在采用 MEA 法及 MDEA 法捕集 CO_2 的研究中,对 CO_2 吸收过程的模拟,大多采用 Aspen Plus 中的 Radfrac 模块,采用 ELECNRTL 的物性计算方法。本书的模拟中,CO_2 的吸收塔及再生塔也采用 Aspen 中的 Radfac 塔模型进行模拟。其中，CO_2 的吸收过程通过设定 CO_2 的吸收率，计算所需的吸收剂的量。

两种方法吸收 CO_2 的主要反应如下：

（1）MEA 法。

①$CO_2+H_2O \Longleftrightarrow H_2CO_3$

②$H_2CO_3 \Longleftrightarrow H^+ + HCO_3^-$

③$HCO_3^- \Longleftrightarrow H^+ + CO_3^{2-}$

④$RNH_2 + H^+ \Longleftrightarrow RNH_3^+$

⑤$2RNH_3 + CO_2 \Longleftrightarrow RNH_4^+ + RNH_2CO_2^-$

（2）MDEA 法。

①$H_2O + CO_2 \Longleftrightarrow H^+ + HCO_3^-$

②$HCO_3^- \Longleftrightarrow H^+ + CO_3^{2-}$

③$H_2O \Longleftrightarrow H^+ + OH^-$

④$MDEAH^+ \Longleftrightarrow MDEA + H^+$

模拟中的主要假设如下：

（1）塔中各部分气液混合均匀；

（2）在气液平衡状态中，符合亨利定律的气体有 CO_2、H_2、CO、CH_4、N_2 等；

（3）吸收和再生过程压力保持恒定；

（4）不考虑化学反应动力学的影响。

化学吸收法过程参数设置如表 2.11 所示。

表 2.11　化学吸收法过程参数设置

	MDEA	MEA
吸收剂进口温度/℃	40	40
变换气或烟气进口温度/℃	38	40
换热器出口富液温度/℃	95	95
吸收塔压力/MPa	2.7	0.101
再生塔压力/MPa	0.102	0.101
闪蒸塔温度/℃	30	30
溶液泵效率	0.78	0.78

采用 MDEA 法模型，对文献[86]中所示的 IGCC 电站变换气中的 CO_2 进行分离，在相同的进口条件下，吸收塔出口气体及再生过程能耗的比较结果如表 2.12。吸收塔出口净煤气成分的比较中，除了 H_2O 的相对误差较大外，其余组分的相对误差均较小。再沸器能耗的相对误差 3.86%，可见模型可用于变换气 CO_2 分离过程的模拟。

表 2.12 MDEA 法模型验证

	文献结果	模拟结果	相对误差/%
CO_2	0.01	0.01	3.43
CO	2.37	2.34	1.12
H_2	91.80	91.10	0.76
CH_4	3.70	3.97	7.38
N_2	1.72	1.68	2.23
H_2S	0.00	0.00	0.00
COS	0.00	0.00	0.00
H_2O	0.40	0.49	22.89
再沸器能耗,Btu/lbCO$_2$	778.00	748.00	3.86

采用建立的 MEA 法模型,对 CO_2 摩尔分数为 13.1% 的燃煤电站尾气中的 CO_2 进行分离,在相同的吸收塔进口液气比下,再沸器的能耗与文献[154]数据的对比,相对误差为 1.8%(如表 2.13),可见模型的可靠性较高。

表 2.13 MEA 法验证

	模拟结果	文献数据	相对误差/%
烟气中 CO_2 摩尔分数/%	13.1	13.1	—
L/G_{mass}(吸收塔入口液气比)	2.48	2.48	—
再沸器能耗/($MJ \cdot t^{-1}$)	4 765	4 680	1.8

2.4.2 NHD 法分离 CO_2 模拟

NHD 工艺是 20 世纪 80 年代由南化集团研究院自主研发的,以聚乙二醇二甲醚为主要溶剂的气体净化技术,与国外的 Selexol 工艺的成分相似。NHD 溶剂吸收 H_2S、COS、CO_2 的过程具有典型的物理吸收特征,在 H_2S、COS、CO_2-NHD 溶剂系统,当上述气体分压低于 1 MPa 时,气相压力与液相浓度基本符合亨利定律。NHD 法对气体的选择性较好,以 CO_2 在 NHD 溶剂中相对溶解度为 100 表示,各种气体组分在 NHD 溶剂中的相对溶解度如表 2.14。

表 2.14 气体在 NHD 溶液中的溶解度

H_2	CO	CH_4	CO_2	COS	H_2S	CS_2	H_2O
1.3	2.6	6.7	100	233	893	2 400	120 000

对 NHD 过程的模拟参考国外 Selexol 法分离 CO_2 的流程,如图 2.8 所示,在 Aspen 中建模,采用 PC-SAFT 状态方程计算蒸汽压、液体密度、热平衡及相平衡等。

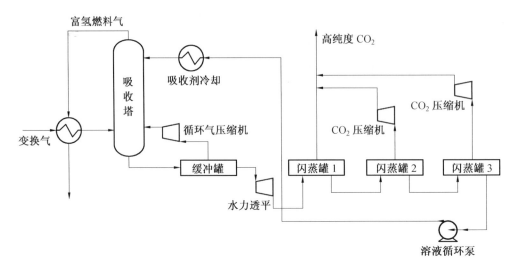

图 2.8　NHD 法分离 CO_2 过程流程图

模型建立过程中的主要参数确定参考文献[55]。其中,缓冲罐压力的设定,通过设计规范,设定缓冲罐出口液体中 H_2 的量为进口气体中 H_2 总量的 1%。水力透平的设置个数及出口压力由缓冲罐出口液体的压力决定。如果缓冲罐液体的压力大于 1.65 MPa,则需设置两级水力透平。如小于 1.65 MPa,则一级水力透平即可。通常水力透平出口压力可通过以下方程设置:

$$P_{o,1} = 15.06 P_{i,1}^{1.415} \tag{2.4}$$

当一级透平进口压力大于 1.65 MPa 时,二级透平的出口压力为

$$P_{o,2} = 0.7\ln(P_{i,1}) - 1.17\,(1.65 < P_i < 6.89) \tag{2.5}$$

式中,$P_{i,1}$、$P_{o,1}$、$P_{o,2}$ 分别为一级透平进口、一级透平出口及二级透平出口的压力,MPa。

吸收剂冷却耗功通过公式确定:

$$W_{ref} = \frac{\text{refrigeration−load}}{1\,000 \times (9 + T_{evap}/10)} \tag{2.6}$$

式中,W_{ref} 为吸收剂冷却过程耗功,kW;refrigeration−load 为冷却过程能耗,Btu/h;T_{evap} 为冷却介质的蒸发温度,℉。

其他相关参数的设定如表 2.15 所示。模型模拟结果与文献[55]结果的对比如表 2.16、表 2.17 所示。

表 2.15　Selexol 过程参数设定

项目	数值
水力透平效率	0.78
吸收剂压缩泵效率	0.8
回流气压缩机效率	0.82
CO_2 压缩机效率	0.82
冷凝介质蒸发温度/℉	10

表 2.16 吸收过程结果比较

	文献结果	模拟结果	相对误差/%
吸收剂流量/(lbmol·h^{-1})	9 757.0	9 892.8	2.89
出口煤气温度/℉	30.0	31.2	4.00
出口富液温度/℉	54.7	55.8	2.01
出口煤气流量/(lbmol·h^{-1})	9 226.0	9 243.3	0.19
CO/(lbmol·h^{-1})	132.41	132.39	0.02
CO$_2$/(lbmol·h^{-1})	138.58	140.14	1.13
H$_2$/(lbmol·h^{-1})	8 796.14	8 821.35	0.29
CH$_4$/(lbmol·h^{-1})	7.30	7.22	1.02
N$_2$/(lbmol·h^{-1})	94.25	92.43	1.93
Ar/(lbmol·h^{-1})	56.58	49.79	11.99
H$_2$S/(lbmol·h^{-1})	1.47	4.36×10^{-11}	100
过程总耗功/kW	7 819.84	7 594.68	2.15

模型计算的吸收过程及再生过程净煤气及再生气的流量及成分结果,除 H$_2$S 及 Ar 外,其他成分的相对误差均较小。模型计算的过程总功耗与文献结果的相对误差为 2.88%,可用于 CO$_2$ 分离过程的模拟。

表 2.17 捕集的富 CO$_2$ 气的流量及组分比较

	文献结果 /(lb mol·h^{-1})	模拟结果 /(lb mol·h^{-1})	相对误差/%
CO	3.89	3.92	0.57
CO$_2$	4 481.37	4 478.33	0.07
H$_2$	118.45	112.71	4.85
CH$_4$	0.58	0.60	3.85
H$_2$S	1.30	1.30	0.72
总流量	4 605.55	4 596.86	0.19

2.4.3 MDEA 法及 NHD 法比较

在国内外的研究中,对 IGCC 系统的 CO$_2$ 进行捕集多采用 Selexol(即国内的 NHD 法)和 MDEA 法,本书的后续的分析中也分别用到了 NHD 和 MDEA 两种工艺,本小节将对两种方法的吸收剂的流量及过程能耗进行比较。比较中采用同样的进口气体组分,假设进口气体中仅有 CO_2、H_2 及 N_2。基准气体参数如表 2.18 所示。为了保证比较的公平性,两种方法下,CO_2 产品气均通过单级 CO_2 压缩机压缩至 1 MPa。

表 2.18　基准气体参数

气体流量/$(kg \cdot h^{-1})$	气体压力/MPa	摩尔组分/%		
		CO_2	H_2	N_2
300 000	3	30	40	30

1. 能耗比较

假设进口气体均为表 2.18 所示的基准气体,MDEA 法及 NHD 法吸收 CO_2 过程的吸收率均为 95%。两种方法脱碳过程的比较结果如表 2.19 所示。其中,NHD 法的过程能耗为 CO_2 压缩耗功、吸收剂冷却耗功、吸收剂压缩耗功、水力透平回收功及循环气压缩功之和。MDEA 法的过程能耗包括 CO_2 产品气压缩耗功、吸收剂压缩耗功以及再生能耗,再生过程用 0.4 MPa 低压蒸汽提供再生热量,再生过程的能耗为再生用低压蒸汽的做功能力损失。在相同的进口气体成分、流量及 CO_2 吸收率下,NHD 法吸收剂的流量约为 MDEA 法的两倍,而过程的能耗约为 MDEA 过程的 31%。由于 NHD 法捕集 CO_2 过程中,缓冲罐的回流气重新进入吸收塔,因此同样的 CO_2 吸收率下,NHD 法吸收的 CO_2 的量略小于 MDEA 法。

表 2.19　MDEA 及 NHD 法脱碳过程比较

	MDEA	NHD
吸收剂流量/$(kg \cdot h^{-1})$	1 653 820	3 252 521
过程能耗/kW	29 643	9 283
捕集 CO_2 流量/$(kg \cdot h^{-1})$	167 881	167 780
单位 CO_2 能耗/$(kW \cdot t^{-1})$	176.57	55.33
出口净气体流量/$(kg \cdot h^{-1})$	133 705	130 000
CO_2/%(摩尔成分)	0.021	0.022
H_2/%(摩尔成分)	0.554	0.561
N_2/%(摩尔成分)	0.416	0.417
H_2O/%(摩尔成分)	0.009	—

2. CO_2 吸收率的影响

假设进口气体均为表 2.18 所示的基准气体,分析吸收剂流量及单位 CO_2 能耗随 CO_2 吸收率的增加的变化情况。在这里,吸收剂的相对流量及过程相对能耗均为不同吸收率下的数值与分析过程中最高吸收率对应数值的比值。

两种方法下吸收剂相对流量及过程相对能耗的变化如图 2.9 和图 2.10 所示。由图 2.9 可以看出,对 MDEA,随着 CO_2 吸收率的增加,吸收剂的流量接近于线性变化,而对 NHD,吸收率低于 95% 时,吸收剂流量变化接近于直线,当吸收率高于 95% 时,吸收剂流量变化剧烈。由图 2.10 可以看出,对 MDEA,随着 CO_2 吸收率的增加,过程能耗的变化相对平缓,在吸收率高于 95% 时,变化稍显剧烈。对 NHD 法,吸收率在 65% 以上时,过程能耗随着吸收率的升高而升高,在吸收率高于 90% 时变化尤为明显。吸收率低于 65% 时,随着吸收率的降低,过程能耗有所增加,这主要是因为模拟中参数设定的变化引起的。在 NHD 过程模拟中,缓冲罐压力由设计规范决定,确定原则是,经缓冲罐后,富液中含有的 H_2 量为气体中 H_2 总量的 1%。在吸收率低于 65% 时,吸收过程所吸收的 H_2 量已低于 1%,无法再根据以上原则设定缓冲罐的压力,此时,设定缓冲罐压力为 65% 吸收率时的压力值,这是吸收率低于 65% 时,能耗随着吸收率的增大而降低的主要原因,同时在此设定下,随着吸收率的降低,缓冲罐的压力逐渐升高,则再生过程产生的循环气体量减少,再生气压缩机的压缩功降低,这对整个过程能耗的降低是有利的。由图 2.9 和图 2.10 可以看出,CO_2 吸收率的降低对 NHD 法过程的吸收剂的流量及能耗的影响更为明显。

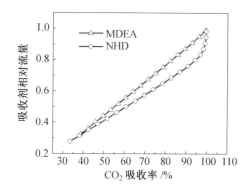

图 2.9　吸收剂相对流量变化(1)　　　　图 2.10　过程相对能耗变化(1)

3. CO_2 浓度的影响

在表 2.18 所示的基准气体条件下,CO_2 及 H_2 的流量不变,N_2 的流量发生变化,则三种气体的摩尔分数将发生变化。CO_2 吸收率 95% 保持不变,分析吸收剂的流量及过程单位 CO_2 能耗受气体中 CO_2 摩尔分数变化的影响。

由图 2.11 可以看出,随着气体中 CO_2 浓度的降低,MDEA 及 NHD 吸收剂流量都有所增加,NHD 吸收剂流量的增加尤为明显。当气体中 CO_2 的浓度由 39% 降低到 16% 时,吸收同样量的 CO_2 需要的 NHD 吸收剂的流量增加了 120% 以上,相对而言,MDEA 溶液仅增加了 10%。由图 2.12 可以看出,随着气体中 CO_2 浓度的降低,两种方法的过程相对能耗均有所增加,NHD 法的能耗增加尤为明显。由图 2.11 和图 2.12 可以看出,NHD 法分离 CO_2 过程对气体中 CO_2 浓度的变化更为敏感。

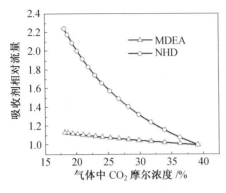

图 2.11　吸收剂相对流量的变化(2)

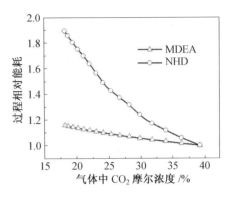

图 2.12　过程相对能耗的变化(2)

2.5　本章小结

本章在流程模拟软件 Aspen 及 Gatecycle 中分别建立了 IGCC 捕集电站各关键部件的数学模型,包括不同类型气化炉、除尘、脱硫及硫回收、不同 CO_2 分离方法、空分、燃气轮机联合循环等单元,并对这些模型通过文献或工程示范数据进行了校核和验证,结果表明所建立的模型可用于 IGCC 捕集电站系统的分析。

此外,本章对 MDEA 法及 NHD 法吸收 CO_2 过程吸收剂的流量及能耗进行了比较,并对两种方法进行了 CO_2 吸收率变化及 CO_2 浓度变化的敏感性分析,得到以下主要结论:

(1)在同样的入口气体条件及 CO_2 吸收率下,NHD 法吸收 CO_2 过程的能耗远小于MDEA 法。

(2)两种方法的吸收剂流量及捕集单位 CO_2 的能耗均随 CO_2 吸收率的增加而增加,其中 NHD 法更为敏感,尤其在吸收率高于90%时。

(3)相同的吸收率下,两种方法的吸收剂流量及捕集单位 CO_2 的能耗均随入口气体中 CO_2 浓度的降低而升高,NHD 法受 CO_2 浓度变化的影响尤为明显。

第3章　IGCC 捕集电站单元成本预测模型

IGCC 捕集电站包括煤处理单元、空气分离单元、气化炉单元、净化单元、CO_2 捕集相关单元、燃气轮机单元、余热锅炉及蒸汽轮机单元等主要单元及公用单元。本章将参考国内外现有成本模型和工程数据,对 IGCC 捕集电站六大单元逐一进行研究,在明确单元划分的基础上确定单元关键性能参数,分析其投资成本随关键性能参数变化的规律,最后建立以关键性能参数为变量的各个单元的投资成本预测模型。

IGCC 捕集电站各单元投资成本预测模型建立过程中所采用的方法包括成本回归、规模缩放及地区因子修正。成本回归是指在已有单元投资数据的基础上,分析其规律,确定关键参数,而后对这些数据进行拟合,形成以关键参数为变量的成本回归方程。规模缩放是指通过对已知不同规模单元部件投资成本进行分析,确定其规模因子,而后基于此规模因子及已知投资对未知规模的单元部件投资进行预测。此方法的前提亦是确定影响部件规模的关键参数。通常已知数据较多时,采用成本回归法,数据较少时采用规模缩放法。目前检索到的数据多来自国外,鉴于国内外材料、人工成本等的差异,将基于国外数据的成本模型引入国内时,需通过地区因子进行修正。这里,地区因子是指相同规模单元部件国内外投资之比。对依靠国外引进的单元,不需设立地区因子,但需考虑引进造成的费用。这里,考虑引进过程的运费、保险费、关税、报关费等造成成本增加 10%。此外,还需考虑到美元与人民币的兑换比例。

3.1　煤处理单元

通常气化炉的供料方式有干煤粉供料和水煤浆供料两种方式,根据供料方式的不同,煤处理单元的型式也会有所不同。典型煤处理单元通常只设一条生产线,煤处理单元包括煤的卸载、储存、传送、磨煤、制备和给料部件。本节将研究两种供料方式煤处理单元的投资成本预测模型。

3.1.1　现有煤处理单元投资成本预测模型

卡内基梅隆大学建立了煤处理单元投资成本线性预测模型:

$$DC_{CH} = 8.27 M_{CF,G,i} \tag{3.1}$$

式中,$M_{CF,G,i}$ 为气化炉给煤量,范围是 2 800 ~ 25 000 t/d。

清华大学建立了水煤浆供料煤处理投资成本幂函数预测模型:

$$DC_{CH} = 1.021\ 5 M_{cf}^{0.417\ 1} \tag{3.2}$$

式中,M_{cf} 为日给煤量,t。

现有的煤处理系统成本模型选取的关键性能参数为给煤量,依据函数关系的不同可以分为线性模型和幂函数模型。但是现有的预测模型没有区分两种供料方式,建模的数据来自国外研究报告,并未反映中国的价格水平。

气化炉的供料方式有干煤粉供料和水煤浆供料两种型式,由此对煤处理工艺的要求不同,因此煤处理单元的投资成本很大程度取决于处理工艺和气化炉要求的给煤量。例如,采用干粉供料的 Shell 气化炉需要配置煤粉制备和输送系统,设备和运行较为复杂,造成比投资费用略有增加。除了设备不同,干粉供料煤处理单元还需要耗费一定的能量来干燥煤粉,并使用纯度为 99.9% 的氮气输送干煤粉。因此煤处理单元投资成本模型的建立过程中应当考虑不同供料方式的影响。

3.1.2　煤处理单元数据

依据 NETL 的研究报告,可以得到与不同气化炉配套的煤处理单元的投资成本和给煤量的数据,按照供料方式进行分类的煤处理单元的投资成本数据如表 3.1 所示。

表 3.1　煤处理单元投资成本数据

	气化炉类型	气化炉给煤量 /(t·d⁻¹)	煤处理单元 投资成本/10⁶ 美元	制浆量 /(t·d⁻¹)
水煤浆供料 煤处理系统	Tecaxo	3 389	27.7	4 518
	Tecaxo	3 329	27.3	4 438
	Tecaxo	3 089	25.9	4 118
	Destec	3 123	26.1	4 163
	Destec	2 944	25.1	3 925
干粉供料 煤处理系统	Shell	2 831	17.2	3 016
	Shell	2 977	17.8	3 171
	输运床	2 739	16.7	2 927
	输运床	2 677	16.4	2 861

3.1.3　新建煤处理单元投资成本预测模型

选取给煤量为变量,煤处理单元投资成本与给煤量的关系如图 2.1 所示,现有数据验证了不同供料方式的煤处理单元投资成本存在差异,可以看到同种供料方式的单元投资成本与给煤量的线性关系明显。

从图 3.1 中可以看到,已有的成本模型中,线性模型的预测结果与水煤浆供料煤处理单元的投资成本符合较好,但现有模型的预测结果与干粉供料煤处理单元的投资成本相差较大。

本书的研究中,需要对不同系统配置方法的 IGCC 系统进行比较,技术方案涉及水煤浆供料的多喷嘴对置式气化炉和干粉供料的 Shell 气化炉及输运床气化炉,因此,本小节将对两种供料方式分别建立煤处理单元投资成本预测模型。

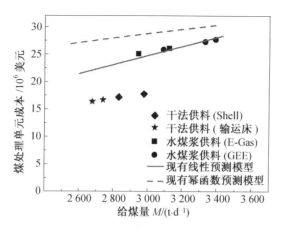

图 3.1　煤处理单元投资成本与给煤量的关系

1. 水煤浆供料煤处理单元投资成本模型

对水煤浆供料的煤处理单元,选取给煤量作为变量,已知单元投资成本与给煤量呈明显的线性关系,已有的线性模型的预测结果也与数据分布较为一致。选取线性函数 $Y= aX+b$,采用 OriginPro 8.0 对水煤浆供料煤处理单元投资成本数据进行拟合,得出水煤浆供料煤处理单元的投资成本预测模型为

$$DC_{\mathrm{CHU,S}} = 5.83M + 7\ 899.25 \tag{3.3}$$

式中,$DC_{\mathrm{CHU,S}}$ 为水煤浆供料煤处理单元成本,10^3 美元;M 为给煤量,t/d。

新建水煤浆供料煤处理单元投资成本预测模型的结果与实际数据的符合情况如图 3.2(a)所示。

对水煤浆供料的煤处理单元,制浆量也是煤处理系统的重要性能参数。以制浆量为变量,观察投资成本数据(图 3.2(b)),亦呈现明显的线性分布。同样选取线性函数进行拟合,以制浆量为变量的水煤浆供料煤处理单元成本预测模型为

$$DC_{\mathrm{CHU,S}} = 4.38M'_{\mathrm{S}} + 7\ 895.68 \tag{3.4}$$

式中,$DC_{\mathrm{CHU,S}}$ 为水煤浆供料煤处理单元成本,10^3 美元;M'_{S} 为制浆量,t/d。

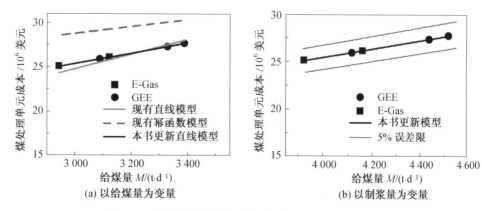

(a) 以给煤量为变量　　　　　　　　　(b) 以制浆量为变量

图 3.2　水煤浆供料煤处理单元投资成本预测模型结果

新建的以制浆量为变量的水煤浆供料煤处理投资成本预测模型的结果与实际数据的符合情况如图 3.2(b)所示。

根据回归方程方差分析的方法,以给煤量为变量的预测模型相关系数 $R=0.999\ 2$,置信度为 95% 的误差限为 ±0.39% 。以制浆量为变量的预测模型 $R=0.999\ 2$,置信度为 95% 的误差限为 ±0% 。

通过误差分析可以看到,本书建立的两种线性模型都能很好地满足煤处理系统投资成本预测的要求,预测成本时依据已有的技术参数进行选择,且优先选用制浆量为参数的预测模型。

2. 干粉供料煤处理系统投资模型

干粉供料与水煤浆供料的煤处理系统投资成本差异较大,对干粉供料同样需要建立预测模型。以给煤量为变量,干粉供料煤处理单元成本数据呈现明显线性分布。用 OriginPro 8.0 采用线性函数拟合,干粉供料煤处理单元投资成本预测模型为

$$DC_{\text{CHU,D}} = 4.69M + 3\ 857.77 \tag{3.5}$$

式中,$DC_{\text{CHU,D}}$ 为干法供料煤处理单元成本,10^3 美元;M 为给煤量,t/d。

模型预测结果如图 3.3 所示。

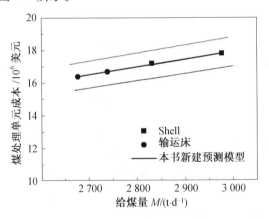

图 3.3　干粉供料煤处理单元投资成本预测模型结果

模型相关系数 $R=0.990\ 3$,置信度为 95% 的误差限为 ±0.99%,干粉供料的线性模型亦能很好地满足干粉供料煤处理单元投资成本预测的要求。

3. 地区因子

(1)水煤浆供料煤处理单元投资成本模型。

参考国内工程中 IGCC 电站采用的水煤浆供料煤处理单元投资成本数据(如表 3.2),对水煤浆供料煤处理单元投资成本预测模型引入地区修正,地区因子为 0.07。

因此中国 IGCC 电站的水煤浆供料煤处理单元投资成本预测模型为

$$DC_{\text{CHU,S}} = 0.07 \times 0.68 \times (5.83M + 7\ 899.25) \tag{3.6}$$

式中,$DC_{\text{CH,S}}$ 为水煤浆供料煤处理单元预测投资成本,万元;M 为给煤量,t/d。

表 3.2　煤处理单元投资数据(中国 IGCC 电站)

序号	水煤浆供料		序号	干粉供料	
	给煤量/(t·d^{-1})	投资/万元		给煤量/(t·d^{-1})	投资/万元
1	1 149.34	450.00	1	1 020.17	450.00
2	1 694.37	700.00	2	1 524.60	700.00
3	2 040.00	1 496.00	3	1 763.00	2 148.25

(2)干粉供料煤处理系统投资模型。

参考国内工程中 IGCC 电站采用的干粉供料煤处理单元投资成本数据(如表 3.2),对干粉供料煤处理单元投资成本预测模型引入地区修正,地区因子为 0.14。

因此中国 IGCC 电站的水煤浆供料方式煤处理单元投资成本预测模型为

$$DC_{\text{CHU,D}} = 0.14 \times 0.68 \times (4.69M + 3\ 857.77) \tag{3.7}$$

式中,$DC_{\text{CHU,D}}$ 为干粉供料方式煤处理单元预测成本,万元;M 为给煤量,t/d。

供料方式可分为水煤浆供料及干煤粉供料两种。在分析中,水煤浆气化炉采用水煤浆供料模型,干煤粉气化炉及输运床气化炉采用干煤粉供料模型。

对水煤浆供料的煤处理单元,以供煤量为关键性能参数,地区因子为 0.7,其投资成本预测模型为

$$DC_{\text{CHU,S}} = 0.7 \times 6.83 \times (0.583M + 789.925) \tag{3.8}$$

式中,$DC_{\text{CH,S}}$ 为水煤浆供料煤处理单元预测投资成本,万元;M 为给煤量,t/d。

对干煤粉供料的煤处理单元,同样以供煤量为关键性能参数,地区因子为 0.64,其投资成本预测模型为

$$DC_{\text{CHU,D}} = 0.64 \times 6.83 \times (0.469M + 385.777) \tag{3.9}$$

式中,$DC_{\text{CHU,D}}$ 为干粉供料方式煤处理单元预测成本,万元;M 为给煤量,t/d。

3.2　空分单元

IGCC 电站的空气分离单元(以下简称空分单元)一般采用低温深冷空分工艺,按操作压力可分为高压空分和低压空分,按产品气体压缩方式可分为内压缩流程和外压缩流程。空分单元的整体化率将影响对 IGCC 电站系统效率,中国科学院工程热物理所的学者研究认为低压空分宜与完全独立且氮气不回注配合;高压空分宜与完全氮气回注和整体化空分配合。空分单元包括压缩、净化、精馏和氧气压缩部件。本节将确定空分单元的关键参数,建立空分单元投资成本预测模型。

3.2.1　现有空分单元投资成本预测模型

1993 年卡内基梅隆大学建立了完全独立的低压空分模型:

$$DC_{\text{ASU}} = 19.27 \left(\frac{M_{O_2}}{N} \right)^{0.852} \cdot NT_{\text{a}} / (1 - \eta_{O_2})^{0.073} \tag{3.10}$$

式中,DC_{ASU} 为设备投资,10^6 美元;T_a 是环境温度,范围是 $-6.7\ ℃ \leqslant T_a \leqslant 35\ ℃$;$M_{O_2}$ 为纯氧产量,kg/h;N 为生产线条数;$284 \leqslant \dfrac{M_{O_2}}{N} \leqslant 5\ 153$,kg/h;$\eta_{O_2}$ 为氧气纯度,$0.95 \leqslant \eta_{O_2} \leqslant 0.98$。

2000 年水平:

$$DC_{OF} = 196.2 \cdot \left(\frac{M_{O,G,i}}{N_{O,OF}}\right)^{0.561\,8} \cdot \frac{N_{T,OF}\,T_a^{0.067}}{(1-\eta_{ox})^{0.073}} \tag{3.11}$$

式中,$N_{T,OF}$ 是总套数;$N_{O,OF}$ 是运行套数;T_a 是环境温度,$20\ ℉ \leqslant T_a \leqslant 95\ ℉$;$M_{O,G,i}$ 是气化炉氧气进口流量,$625 \leqslant \dfrac{M_{O,G,i}}{N_{O,OF}} \leqslant 17\ 000$,lbmole/h;$\eta_{ox}$ 是氧气浓度,$0.95 \leqslant \eta_{ox} \leqslant 0.98$。

EPRI 的估算一般采用 APCI(美国空气制品与化学品公司)的报价,包括了厂房和安装费用。国内,清华大学的张寒等人总结空分单位造价为 130~200 美元/kW,建议取为 130 美元/kW。清华大学的黄河等人将卡内基梅隆大学的模型外延到 1 000~4 000 t/d 的范围:

$$DC_{ASU} = 0.062\,94 \cdot \left(\frac{M_{O_2}}{N}\right)^{0.852} \cdot \frac{N}{(1-\eta_{O_2})^{0.073}} \tag{3.12}$$

可以看到,现有模型主要采用了幂函数,均选取纯氧产量为关键参数,空分单元的套数、氧气浓度及环境温度也在一定程度上影响空分成本。

3.2.2　空分单元数据

空分单元的关键性能参数为纯氧产量,由于部分整体化的 IGCC 的空分系统的造价明显低于常规空分系统,还需要考虑整体化率的影响。

首先分析纯氧产量的影响,考虑本书研究方案的系统配置,因此选取整体化率为50%、氧气浓度为95%的高压空分单元,其关键参数与成本如表 3.3 所示。

表 3.3　空分单元投资成本数据

方案	1	2	3	4	5	6	7	8
气化炉	Shell	Shell	输运床	GE	GE	GE	E-Gas	E-Gas
$M_{O_2}/(t \cdot d^{-1})$	2 558	2 433	1 773	2 780	2 727	2 535	2 274	2 374
空分投资/10^6 美元	51.2	49.6	35.7	53.6	53.8	51.0	45.5	48.5

3.2.3　新建空分单元投资成本预测模型

环境温度为 15 ℃时,对氧气浓度为 95%、整体化率为 50% 的空分单元,选取幂函数 $Y = A \cdot X^B$ 使用 OriginPro 8.0 进行非线性拟合建模。空分单元成本预测模型为

$$DC_{ASU} = 0.041 M_{O_2}^{0.907\,9} \tag{3.13}$$

式中,DC_{ASU} 为空分成本,10^6 美元;M_{O_2} 为纯氧产量,t/d。

空分单元成本预测模型如图 3.4 所示。

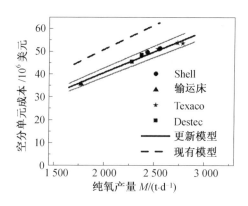

图 3.4 空分单元成本预测模型($\zeta=50\%$)

其他性能参数不变,分析整体化率对成本的影响,空分规模随整体化率的增加而减少。空分单元的纯氧产量为 1 508.57 t/d 时,不同整体化率的空分成本如表 3.4 所示。以整体化率为变量,选取指数衰减模型用 OriginPro 8.0 通过非线性拟合建模。

表 3.4 不同整体化率的空分单元投资成本(纯氧产量=1 508.57 t/d)

方案	1	2	3
整体化率/%	0(完全独立)	30	50
空分单元投资成本/10^6 美元	39.99	38.68	31.52

注1:整体化率30%的空分成本参考国内实际工程。

注2:整体化率50%的空分成本依据式(3.13)计算得到。

以整体化率为变量的空分单元投资成本预测模型为

$$DC_{ASU}=k \cdot DC_{ASU,\zeta=50\%}, k=1.29-0.004\ 1 \cdot \exp\left(\frac{\zeta}{11.88}\right) \tag{3.14}$$

式中,DC_{ASU} 为空分成本,10^6 美元;$DC_{ASU,\zeta=50\%}$ 是相同制氧量的整体化率50%的空分成本,10^6 美元;k 为整体化率影响因子;ζ 为整体化率,%。

空分单元成本与整体化率的关系如图 3.5 所示,模型相关系数 $R=0.978\ 1$,置信度为95%的误差限为±8.58%。因此,新建模型能很好地满足工程成本预测的要求。

空分单元通过进口引进,不需要设立地区因子。但参考数据是国外交钥匙工程的离岸价格(FOB),进口国外设备的投资成本应为 FOB 成本与运费、保险费、进口关税、报关费、银行手续费和增值税等之和。考虑到 IGCC 项目享有免除进口关税和进口增值税的税收优惠,而设备的运费、报关费、银行手续费等通常取为设备造价的10%(10% FOB)。因此,中国 IGCC 电站空分单元投资成本预测模型为

$$DC_{ASU}=110\% \times 683 \times \left[1.29-0.004\ 1 \cdot \exp\left(\frac{\zeta}{11.88}\right)\right] \times 0.041 \times M_{O_2}^{0.907\ 9} \tag{3.15}$$

式中,DC_{ASU} 为空分成本,万元;ζ 为整体化率,%;M_{O_2} 为纯氧产量,t/d。

国内某 IGCC 电站采用完全独立的空分单元,纯氧产量为 982.03 t/d,实际投资为20 150 万元,使用本书模型预测成本为 18 748 万元,相对误差为6.96%,验证了本书模型

能够满足工程需要。

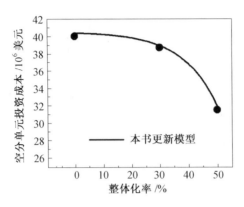

图 3.5　空分单元成本与整体化率的关系

高压空分单元,采用空分单元的纯氧产量为关键参数,由于目前中国 IGCC 电站的空分单元通过进口引进,未设立地区因子,其投资成本预测模型为

$$DC_{ASU} = 110\% \times 6.83 \times \left[1.29 - 0.004\ 1 \cdot \exp\left(\frac{\zeta}{11.88}\right)\right] \times 4.1 \times M_{O_2}^{0.907\ 9} \qquad (3.16)$$

式中,DC_{ASU} 为空分成本,万元;ζ 为整体化率,% ;M_{O_2} 为纯氧产量,t/d。

3.3　气化炉单元

本书评价的 IGCC 电站方案有三种气化炉炉型,分别是水煤浆气化炉、Shell 气化炉和输运床气化炉。不同炉型结构工艺相差较大,成本与关键参数的变化规律不同,本节对三种炉型分别建模。

3.3.1　现有气化炉投资成本预测模型

卡内基梅隆大学建立了激冷流程的水煤浆气化炉投资成本预测模型

$$DC_G = 24\ 770 \cdot N_{T,G} \ln\left(\frac{M_{CG,G,i}}{N_{O,G}}\right) - 167\ 453 \qquad (3.17)$$

式中,$N_{T,G}$ 为总套数;$N_{O,G}$ 为运行套数;$M_{CF,G,i}$(t/d)为给煤量,范围为 1 300 ~ 3 300 t/d。

清华大学对 GE 气化炉(激冷/煤气余热锅炉流程)及 Shell 气化炉的成本预测采用规模缩放,以日给煤量为缩放量,基准投资和给煤数据如表 3.5 所示,建议地区因子为 0.8。

表 3.5　气化炉基准投资和给煤量数据

气化炉	投资/10^6 美元	给煤量/(t·d^{-1})	规模因子	地区因子
GE 气化炉(激冷)	45	3 389	0.67	0.8
GE 气化炉(煤气余热锅炉)	78	3 329	0.67	0.8
Shell 气化炉	105	2 000	0.67	0.8

3.3.2　气化炉单元数据

本小节将按气化炉型式对关键参数和成本数据进行分析整理。

1. 多喷嘴对置式水煤浆加压气化炉

多喷嘴对置式水煤浆加压气化炉是自主创新的煤气化技术,是采用水煤浆供料、氧气气化的气流床气化炉,目前已投入商业化运行。

国外 IGCC 系统中使用的水煤浆气化炉有 GE(Texaco)气化炉和 E-Gas(Destec)气化炉。多喷嘴对置式水煤浆气化炉是参考 GE 气化炉设计和优化的,由于 GE 气化炉具有多年商业化运行经验,本书将参考 GE 气化炉的投资数据建模。

国外分析了三种粗煤气冷却流程的 GE 气化炉成本,分别是激冷、煤气余热锅炉和煤气余热锅炉–冷却(仅辐射部件)流程。三种冷却流程的气化炉参数和成本如表 3.6 所示。

表 3.6　GE 气化炉的技术参数和投资成本数据

方案	1	2	3	4
气化炉压力/MPa	4.13	3.17	3.17	5.6
煤制气冷却方式	激冷 (425 ℉)	煤气余热锅炉 (650 ℉)	煤气余热锅炉 (1 004 ℉)	煤气余热锅炉 (410 ℉)
给煤量/(t·d⁻¹)	3 389	3 329	3 089	2 667
基准给煤量/(t·d⁻¹)	3 000	3 000	3 000	2 938
成本/10⁶ 美元	32.90	79.00	63.60	52.75

不同冷却流程的 GE 气化炉成本与冷却流程及给煤量的关系如图 3.6 和图 3.7 所示,可见粗煤制气冷却模块对气化炉成本影响非常大。

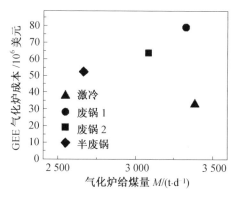
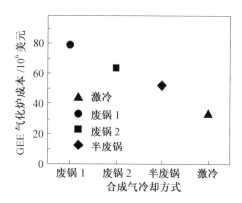

图 3.6　GE 气化炉成本与给煤量的关系　　　图 3.7　GE 气化炉成本与冷却方式的关系

规模相近的情况下,激冷流程的成本远远少于半煤气余热锅炉流程,煤气余热锅炉流程的成本最高。但由于气化炉单元包括气化炉本体、冷却、除尘和渣处理等,仅从现有数据不足以分析气化炉成本随冷却模块变化的规律。已有模型也都是分析某一确定冷却流程的气化炉,选取给煤量为变量建模。

国内 IGCC 电站中,煤气余热锅炉流程的水煤浆气化炉投资数据为激冷流程气化炉成本和煤气余热锅炉成本之和,因此多喷嘴对置式水煤浆气化炉的成本预测模型将对气化炉与煤气余热锅炉分别建模。

2. Shell 干粉加压气化炉

Shell 干粉加压气化炉是氧气气化、干粉给料的气流床气化炉。Shell 气化炉通常采取煤气余热锅炉流程冷却粗煤制气,粗煤气在煤气冷却器中降温至 250 ℃ 左右,同时煤气余热锅炉产生高/中压蒸汽。煤气余热锅炉流程的 Shell 气化炉成本与关键参数如表 3.7 所示。

表 3.7　Shell 气化炉投资成本数据

方案	1	2	3	4
气化炉压力/MPa	2.3	2.3	4.2	3.0
给煤量/$(t \cdot d^{-1})$	2 977	2 831	2 464	865
成本/10^6 美元	78.40	72.30	66.53	47.84

3. 粉煤加压密相输运床气化炉

粉煤加压密相输运床气化炉基于循环流化床,采用高操作气速、高固体通量的密相输运,以高循环倍率实现较高碳转化率的煤气化技术。我国在“十一五”863 重大项目中支持了粉煤加压密相输运床气化技术的开发及相关 IGCC 系统研究。

输运床气化炉气化方式灵活,可采用纯氧、富氧或者空气作为气化剂。空气气化时电站无须设置空分单元,IGCC 电站总投资将减少约 10% ~ 15%。美国南方公司和 NETL 研究了空气和氧气气化的输运床气化炉成本,关键参数与成本如表 3.8 所示。

表 3.8　输运床气化炉投资成本数据

气化方式	空气气化			氧气气化		
方案	1	2	3	4	5	6
给煤量/$(t \cdot d^{-1})$	2 739	5 795	6 166	2 677	5 411	5 568
成本/10^6 美元	57.60	64.90	66.00	44.00	48.50	51.50

从图 3.8 可以看到,不同气化方式的输运床气化炉成本变化规律不同,同一气化方式的气化炉成本随规模规律变化。因此,输运床气化炉投资成本预测模型对两种气化方式分别建模。

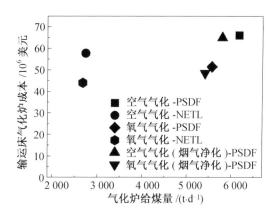

图 3.8　密相输运床气化炉投资成本与给煤量的关系

3.3.3　新建气化炉投资成本预测模型

本小节将以给煤量为关键参数,依据 3.3.2 小节的数据和分析对三种气化炉分别建模,同时对煤气余热锅炉单独建模。

1. 多喷嘴对置式水煤浆气化炉

多喷嘴对置式水煤浆气化炉成本预测模型分为激冷流程的气化炉和煤气余热锅炉两个部件。

选取给煤量为 3 389 t/d 的激冷流程气化炉为基准,成本为 22 470.70 万元;国内某 IGCC 电站中激冷流程气化炉给煤量为 1 028 t/d,成本为 12 150 万元。以给煤量为缩放量,缩放因子为 0.52。

中国 IGCC 电站的多喷嘴对置式水煤浆气化炉投资成本预测模型为

$$DC_{\mathrm{G,M,Q}} = 22\ 470.70 \times \left(\frac{M}{3\ 389}\right)^{0.52} \tag{3.18}$$

式中,$DC_{\mathrm{G,M,Q}}$ 为激冷流程多喷嘴对置式水煤浆气化炉成本,万元;M 为给煤量,t/d。

对煤气余热锅炉同样采取规模缩放,选取给煤量为缩放量。国内某 IGCC 电站中,气化炉给煤量为 2 040 t/d 的煤气余热锅炉投资成本为 21 700 万元,另一 IGCC 电站中气化炉给煤量为 3 329 t/d 的煤气余热锅炉投资成本为 31 486.30 万元,选取指数函数通过非线性拟合建模。

因此,中国 IGCC 电站煤气余热锅炉的投资成本预测模型为

$$DC_{\mathrm{WHB}} = 1\ 376 \times (M-1\ 000)^{0.4} \tag{3.19}$$

式中,DC_{WHB} 为煤气余热锅炉的成本,万元;M 为给煤量,t/d。

由式(3.19)和式(3.19)可以得到,煤气余热锅炉流程的多喷嘴对置式水煤浆气化炉投资成本预测模型为

$$DC_{\mathrm{G,M,WHB}} = 22\ 470.70 \times \left(\frac{M}{3\ 389}\right)^{0.52} + 1\ 376 \times (M-1\ 000)^{0.4} \tag{3.20}$$

式中,$DC_{\mathrm{G,M,WHB}}$ 为煤气余热锅炉流程水煤浆气化炉成本,万元;M 为给煤量,t/d。

2. Shell 干粉加压气化炉

煤气余热锅炉流程的 Shell 干粉加压气化炉的成本与给煤量存在一定规律(如

图 3.9)。Shell 气化炉的投资成本数据中已包括其煤气余热锅炉,通过拟合得到的是煤气余热锅炉流程 Shell 气化炉的整机造价,不需要再另加煤气余热锅炉成本。Shell 气化炉依靠进口引入,因此不需设立地区因子,按 3.2.3 节已分析了进口设备投资为国外交钥匙工程成本 FOB×110%。选取给煤量为变量,依据对数函数使用 OriginPro 8.0 通过非线性拟合建模。

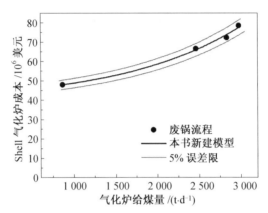

图 3.9　Shell 气化炉投资成本模型预测结果

中国 IGCC 电站煤气余热锅炉流程的 Shell 气化炉的成本预测模型为

$$DC_{\text{G,Shell,WHB}} = 110\% \times 6.83 \times (21.80\ln M - 100.3) \tag{3.21}$$

式中,$DC_{\text{G,Shell,WHB}}$ 为煤气余热锅炉流程 Shell 气化炉成本,万元;M 为给煤量,t/d。

模型预测结果如图 3.9,相关系数 $R = 0.980\ 8$,置信度为 95% 的误差限为 ±3.83%。

3. 加压密相输运床气化炉

粉煤加压密相输运床气化炉均采用煤气余热锅炉冷却工艺,但不同的气化方式会影响气化炉设计,因此输运床气化炉按气化方式分别建模。

(1)氧气气化。

选取给煤量为变量,依据对数模型使用 OriginPro 8.0 通过非线性拟合建模,得到氧气气化输运床气化炉投资成本预测模型为

$$DC_{\text{G,T,Oxygen}} = 7.40\ln M_{\text{G,T,Oxygen}} - 13.72 \tag{3.22}$$

式中,$DC_{\text{G,T,Oxygen}}$ 为氧气气化输运床气化炉成本,10^6 美元;$M_{\text{G,T,Oxygen}}$ 为给煤量,t/d。

模型预测结果如图 3.10(a)。模型的相关系数 $R = 0.924\ 4$,置信度为 95% 的误差限为 ±8.50%,模型结果能满足工程预测的要求。

(2)空气气化。

选取给煤量为变量,依据对数模型使用 OriginPro 8.0 通过非线性拟合建模,得到空气气化输运床气化炉投资成本预测模型为

$$DC_{\text{G,T,air}} = 8.96\ln M_{\text{G,T,air}} - 12.49 \tag{3.23}$$

式中,$DC_{\text{G,T,air}}$ 为空气气化输运床气化炉成本,10^6 美元;$M_{\text{G,T,air}}$ 为给煤量,t/d。

模型预测结果见图 3.10(b)。模型相关系数 $R = 0.992\ 9$,置信度为 95% 的误差限为 ±1.20%,模型结果能满足工程预测的要求。

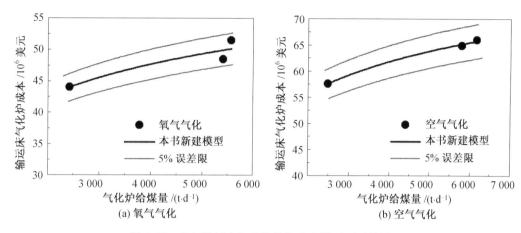

(a) 氧气气化　　　　　　　　　　　　　　(b) 空气气化

图 3.10　密相输运床气化炉投资成本模型预测结果

（3）地区因子。

参考国内某使用氧气气化粉煤加压密相输运床的 IGCC 电站，给煤量为 1 763 t/d，投资为 15 804.04 万元。对建立的模型引入地区修正，地区因子为 0.56。

中国 IGCC 电站氧气气化输运床气化炉成本预测模型为

$$DC_{G,T,Oxygen} = 0.56 \times 683 \times (7.40\ln M_{G,T,Oxygen} - 13.72) \tag{3.24}$$

式中，$DC_{G,T,oxygen}$ 为氧气气化输运床气化炉成本，万元；$M_{G,T,Oxygen}$ 为给煤量，t/d。

参考国内 IGCC 电站使用的空气气化输运床气化炉，关键参数和成本如表 3.9 所示，对模型引入地区修正，地区因子为 0.44。

表 3.9　输运床气化炉投资数据（中国，空气气化）

方案	给煤量/(t·d⁻¹)	投资/万元
1	960.00	7 200
2	1 580.62	24 000

中国 IGCC 电站空气气化输运床气化炉单元投资成本预测模型为

$$DC_{G,T,air} = 0.44 \times 683 \times (8.96\ln M_{G,T,air} - 12.49) \tag{3.25}$$

式中，$DC_{G,T,air}$ 为空气气化输运床气化炉单元成本，万元；$M_{G,T,air}$ 为给煤量，t/d。

3.3.4　不同冷却及除尘方式下气化炉单元投资模型

本节建立了煤气余热锅炉干法除尘流程的不同型式气化炉单元的投资成本预测模型，采用系统供煤量为关键参数。水煤浆气化炉、输运床空气及纯氧气化炉均考虑为国内自主研发技术，干煤粉气化炉考虑由国外引进。其中煤气余热锅炉的投资为煤气余热锅炉本身投资与干法除尘设备投资之和。在本书的研究中，对输运床纯氧气化炉单元投资采用地区因子修正，对输运床空气气化炉单元，在国外数据拟合模型的基础上，考虑国外引进增加的成本。基于文献[54]的模型，对不同型式气化炉，建立分别采用煤气余热锅炉+干法除尘流程、煤气余热锅炉+湿法除尘流程、激冷+湿法除尘流程的气化炉单元的投资成本模型。

假设煤气余热锅炉干法除尘流程的气化炉单元投资为激冷流程气化炉单元投资与煤

气余热锅炉投资之和。国内相关文献研究及可研报告中,除尘单元的投资均包含在气化炉单元的总投资中。国外的数据表明,干法除尘单元的投资约为煤气余热锅炉单元投资中的 1/7。考虑到煤气余热锅炉本体及除尘单元的投资成本均与进入除尘单元的煤气流量有关,本书分析中,不同型式气化炉下,均假设干法除尘单元的投资在煤气余热锅炉单元投资中占据 1/7 的份额。文献[54]基于国内两座 IGCC 电站可行性研究报告中的煤气余热锅炉投资数据,通过成本回归方式,建立了煤气余热锅炉单元的投资成本预测模型。本书认为,仅有两个数据时,采用规模缩放的方式更为适合。因此,本书基于文献[54]中的数据,通过规模缩放的方式,建立了煤气余热锅炉单元的投资成本模型,缩放因子为 0.73。

$$DC_{\text{WHB}} = 21\,700 \times \left(\frac{M_{\text{G}}}{2\,040}\right)^{0.73} \tag{3.26}$$

式中,DC_{WHB} 为煤气余热锅炉单元的投资成本,万元;M_{G} 为给煤量,t/d。

根据以上的分析和假设,得到不同煤气冷却及除尘方式下,不同型式气化炉的投资成本预测模型。

(1)水煤浆气化炉。

基于激冷流程+湿法除尘的水煤浆气化炉单元:

$$DC_{\text{G,S,Q}} = 22\,470.70 \times \left(\frac{M_{\text{G,Slurry}}}{3\,389}\right)^{0.52} \tag{3.27}$$

基于煤气余热锅炉+湿法除尘的水煤浆气化炉单元:

$$DC_{\text{G,S,WHB,W}} = 22\,470.70 \times \left(\frac{M_{\text{G,Slurry}}}{3\,389}\right)^{0.52} + \frac{6}{7} \times 21\,700 \times \left(\frac{M_{\text{G,Slurry}}}{2\,040}\right)^{0.73} \tag{3.28}$$

基于煤气余热锅炉+干法除尘的水煤浆气化炉单元:

$$DC_{\text{G,S,WHB,D}} = 22\,470.70 \times \left(\frac{M_{\text{G,Slurry}}}{3\,389}\right)^{0.52} + 21\,700 \times \left(\frac{M_{\text{G,Slurry}}}{2\,040}\right)^{0.73} \tag{3.29}$$

式中,$DC_{\text{G,S,Q}}$、$DC_{\text{G,S,WHB,W}}$ 及 $DC_{\text{G,S,WHB,D}}$ 分别为基于激冷湿法除尘流程、煤气余热锅炉湿法除尘流程及煤气余热锅炉干法除尘流程的水煤浆气化炉单元成本,万元;$M_{\text{G,Slurry}}$ 为水煤浆气化炉给煤量,t/d。

(2)干煤粉气化炉。

基于激冷流程+湿法除尘的干煤粉气化炉单元:

$$DC_{\text{G,D,Q}} = 110\% \times 6.83 \times (21.80\ln M_{\text{G,Dry}} - 100.3) - 21\,700 \times \left(\frac{M_{\text{G,Dry}}}{2\,040}\right)^{0.73} \tag{3.30}$$

基于煤气余热锅炉流程+湿法除尘的干煤粉气化炉单元:

$$DC_{\text{G,D,WHB,W}} = 110\% \times 6.83 \times (21.80\ln M_{\text{G,Dry}} - 100.3) - \frac{1}{7} \times 21\,700 \times \left(\frac{M_{\text{G,Dry}}}{2\,040}\right)^{0.73} \tag{3.31}$$

基于煤气余热锅炉流程+干法除尘的干煤粉气化炉单元:

$$DC_{\text{G,D,WHB,D}} = 110\% \times 6.83 \times (21.80\ln M_{\text{G,Dry}} - 100.3) \tag{3.32}$$

式中,$DC_{\text{G,D,Q}}$、$DC_{\text{G,D,WHB,W}}$、$DC_{\text{G,D,WHB,D}}$ 分别为基于激冷湿法除尘流程、煤气余热锅炉湿法除尘流程、煤气余热锅炉干法除尘流程的水煤浆气化炉单元成本,万元;$M_{\text{G,Dry}}$ 干煤粉气化炉供煤量,t/d。

（3）输运床纯氧气化炉。

基于激冷+湿法除尘流程的输运床纯氧气化炉单元：

$$DC_{\mathrm{G,T,Oxygen,Q}} = 0.56 \times 6.83 \times (740\ln M_{\mathrm{G,T,Oxygen}} - 1\,372) \tag{3.33}$$

基于煤气余热锅炉+湿法除尘流程的输运床纯氧气化炉单元：

$$DC_{\mathrm{G,T,Oxygen,WHB,W}} = 0.56 \times 6.83 \times (740\ln M_{\mathrm{G,T,Oxygen}} - 1\,372) + \frac{6}{7} \times 21\,700 \times \left(\frac{M_{\mathrm{G,T,Oxygen}}}{2\,040}\right)^{0.73} \tag{3.34}$$

基于煤气余热锅炉+干法除尘流程的输运床空气气化炉单元：

$$DC_{\mathrm{G,T,Oxygen,WHB,D}} = 0.56 \times 6.83 \times (740\ln M_{\mathrm{G,T,Oxygen}} - 1\,372) + 21\,700 \times \left(\frac{M_{\mathrm{G,T,Oxygen}}}{2\,040}\right)^{0.73} \tag{3.35}$$

式中,$DC_{\mathrm{G,T,Oxygen,Q}}$、$DC_{\mathrm{G,T,Oxygen,WHB,W}}$、$DC_{\mathrm{G,T,Oxygen,WHB,D}}$ 分别为基于激冷示范除尘流程、煤气余热锅炉湿法除尘流程、煤气余热锅炉干法除尘流程的输运床纯氧气化炉投资,万元；$M_{\mathrm{G,T,Oxygen}}$ 为输运床纯氧气化炉进口煤流量,t/d。

（4）输运床空气气化炉。

基于激冷+湿法除尘流程的输运床空气气化炉单元：

$$DC_{\mathrm{G,T,air,Q}} = 110\% \times 6.83 \times (896\ln M_{\mathrm{G,T,Air}} - 1\,249) - 21\,700 \times \left(\frac{M_{\mathrm{G,T,Air}}}{2\,040}\right)^{0.73} \tag{3.36}$$

基于煤气余热锅炉+湿法除尘流程的输运床空气气化炉单元：

$$DC_{\mathrm{G,T,air,WHB,W}} = 110\% \times 6.83 \times (896\ln M_{\mathrm{G,T,Air}} - 1\,249) - \frac{1}{7} \times 21\,700 \times \left(\frac{M_{\mathrm{G,T,Air}}}{2\,040}\right)^{0.73} \tag{3.37}$$

基于煤气余热锅炉+干法除尘流程的输运床空气气化炉单元：

$$DC_{\mathrm{G,T,Air,WHB}} = 110\% \times 6.83 \times (896\ln M_{\mathrm{G,T,Air}} - 1\,249) \tag{3.38}$$

式中,$DC_{\mathrm{G,T,Air,Q}}$、$DC_{\mathrm{G,T,Air,WHB,W}}$、$DC_{\mathrm{G,T,Air,WHB,D}}$ 分别为基于激冷示范除尘流程、煤气余热锅炉湿法除尘流程、煤气余热锅炉干法除尘流程的输运床空气气化炉投资,万元；$M_{\mathrm{G,T,Air}}$ 为输运床空气气化炉进口煤流量,t/d。

3.4　净化单元

粗煤气净化工艺分为常温湿法净化和高温干法净化。高温干法净化 IGCC 电站的供电效率高于采用常温湿法净化方案,但目前尚在中试阶段。常温湿法工艺成熟,已在工程中得到普遍应用。分析方案的净化单元均采用常温湿法净化工艺。净化单元包括水解、脱硫、硫回收、尾气处理和焚化炉部件。本小节将分析 IGCC 电站净化单元的关键参数,建立中国 IGCC 电站净化单元成本预测模型。

3.4.1　现有净化单元投资成本预测模型

卡内基梅隆大学将常温湿法净化单元分为三个部件建模,模型如下：

1. Selexol 吸收模块

Selexol 吸收模块成本预测模型为

$$DC_S = \frac{0.304 N_{T,S}\left(\dfrac{M_{syn,S,i}}{N_{O,S}}\right)^{0.98}}{(1-\eta_S)^{0.059}} \tag{3.39}$$

式中，$N_{T,S}$ 是 Selexol 单元的总套数；$N_{O,S}$ Selexol 单元的运行套数；η_S 是 H_2S 吸收效率，83.5% ~ 99.7%；$M_{syn,S,i}$ 是 Selexol 单元的煤制气进口速度，2 000 ~ 67 300 lbmol/h。

2. Claus 硫回收模块

Claus 硫回收模块投资成本模型为

$$DC_C = 6.96 N_{T,C}\left(\frac{M_{S,C,O}}{N_{O,C}}\right)^{0.668} \tag{3.40}$$

式中，$N_{T,C}$ 是 Claus 硫回收单元的总套数；$N_{O,C}$ 是 Claus 硫回收单元的运行套数；$M_{S,C,O}$ 是 Claus 单元的元素硫出口速度，695 ~ 18 100 lb/h。

3. Beavon–Stretford 尾气处理模块

Beavon–Stretford 尾气处理模块成本预测模型为

$$DC_{BS} = 63.3 + 72.8 N_{T,BS}\left(\frac{M_{S,BS,O}}{N_{O,BS}}\right)^{0.645} \tag{3.41}$$

式中，$N_{T,BS}$ 是 Beavon–Stretford 尾气处理单元的总套数；$N_{O,BS}$ 是 Beavon–Stretford 尾气处理单元的运行套数；$M_{S,BS,O}$ 是 Beavon–Stretford 尾气处理单元的元素硫出口速度，75 ~ 1 200 lb/h。

天津天辰化工设计院认为 Tampa IGCC 电站的净化工艺和投资与国内较为一致。因此，清华大学根据 Tampa IGCC 电站净化单元的投资数据，采用规模缩放预测 IGCC 电站净化单元，以给煤量为缩放量，缩放因子为 0.65。Tampa IGCC 电站净化单元投资如表 3.10 所示。

表 3.10　Tampa IGCC 电站净化单元(部分)投资数据

项目	共用工程	AGR 脱酸处理	洁净煤制气预热	共计
10^3 美元	1 574	5 629	1 574	8 873

Tampa 电站的常温净化单元酸性气体脱除采用胺液洗涤，回收硫分是将分离出的酸性气体送入硫酸厂制备 98% 的浓硫酸，而非采用 Claus/SCOT 工艺制备单质硫。

3.4.2　净化单元数据

现有模型中尚未建立针对本书方案分析所需的 Claus/SCOT 模块成本预测模型，因此本小节将对单质硫回收模块建模。

参考现有硫回收模块的模型，选取硫生成速率为关键性能参数。依据采用 Claus/SCOT 硫回收模块的常温湿法净化单元的研究数据建模，关键性能参数和投资成本如表 3.11 所示。

表 3.11　Claus/SCOT 模块投资数据

方案	1	2	3	4	5
单质硫产量,T/D	88	89	85	90	83
Claus/SCOT 模块投资成本/10^6 美元	14.4	14.4	14.2	14.5	14.0

3.4.3　新建净化单元投资成本预测模型

本书将净化单元分为酸性气体脱除模块和硫回收模块分别建模。酸性气体脱除模块采用以 Tampa IGCC 电站投资进行规模预测,Claus/SCOT 回收模块则参考现有模型以硫生成速率为关键参数,依据表 3.11 的数据建模。

酸性气体脱除模块以 Tampa IGCC 电站的数据为基准,缩放量为给煤量。基准给煤量为 2 200 t/d,缩放因子为 0.65。

对 Claus/SCOT 模块,选取幂函数模型以单质硫的生成速率为关键参数,使用 Origin-Pro 8.0 通过非线性拟合建模,得到 Claus/SCOT 模块成本预测模型为

$$DC_{\text{Claus/SCOT}} = 2.29 M_S^{0.41} \tag{3.42}$$

式中,$DC_{\text{Claus/SCOT}}$ 为 Claus/SCOT 模块成本,10^6 美元;M_S 为单质硫产量,t/d。

模型预测结果如图 3.11 所示。模型的相关系数 $R = 0.965\ 0$,置信度为 95% 的误差限为 ±0.89%,模型能很好满足工程应用要求。

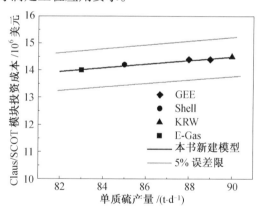

图 3.11　Claus/SCOT 模块投资成本与单质硫产量的关系

参考国内 IGCC 电站工程中净化单元的成本(如表 3.12),对模型引入地区修正,地区因子为 0.30。

表 3.12　净化单元投资数据(中国)

方案	给煤量 /(t·d⁻¹)	单质硫产量 /(t·d⁻¹)	实际投资 /万元	预测投资成本/万元 Claus/SCOT	预测投资成本/万元 AGR 及其他	预测投资成本/万元 合计
1	973.67	4.35	1 375.00	2 857.83	3 567.67	6 425.50
2	2 040.00	7.14	3 564.00	3 501.65	5 770.00	9 334.00

中国 IGCC 电站净化单元投资成本预测模型为

$$DC_{\text{SCU}} = 0.30 \times 683 \times \left[8.87 \times \left(\frac{M}{2\,200} \right)^{0.65} + 2.29 M_{\text{S}}^{0.41} \right] \tag{3.43}$$

式中,DC_{ASU} 为净化单元成本,万元;M 为给煤量,t/d;M_{S} 为硫产量,t/d。

3.5　燃气轮机单元

从 20 世纪 80 年代始,许多学者研究了燃气轮机投资成本预测模型的建立和更新。本节在分析现有成本模型的基础上,根据最新数据建立燃气轮机投资成本预测模型,结合我国实际情况修正燃气轮机投资成本模型,进一步分析煤制气燃气轮机的改造工作和改造费用组成。

3.5.1　现有燃气轮机投资成本预测模型

现有燃气轮机成本预测模型主要分为分部件和整机模型,如表 3.13 所示。

表 3.13　现有燃气轮机投资成本预测模型

类型			模型	变量
分部件投资成本模型	天然气		$DC_{\text{c}} = 39.5 \dot{G}_{\text{a}} \pi_{\text{c}} \ln(\pi_{\text{c}})$ $DC_{\text{COMB}} = 25.6 \dot{G}_{\text{fg}}$ $[1 + \exp(0.018 T_{\text{COMB}} - 26.4)]$ $DC_{\text{E}} = 266.3 \dot{G}_{\text{fg}} \ln(\pi_{\text{E}})$ $[1 + \exp(0.036 T_{\text{COMB}} - 54.4)]$ $DC_{\text{GT}} = DC_{\text{C}} + DC_{\text{COMB}} + DC_{\text{E}}$	$\dot{G}_{\text{a}}$:压气机入口空气质量流量,kg/s $\dot{G}_{\text{fg}}$:透平入口燃气质量流量,kg/s T_{COMB}:燃烧室出口温度,K π_{C}:空气压缩比 π_{E}:膨胀比
整机投资成本模型	天然气	单变量	$DC_{\text{GT}} = A \ln W_{\text{GT}} + B$ $DC_{\text{GT}} = -98.3 \ln W_{\text{GT}} + 1\,318.5$	A、B:待定常数 W_{GT}:燃气轮机输出功率,kW
		双变量	$DC_{\text{GT}} = A + B \ln W_{\text{GT}} + C \times \exp(\eta - D)$ $DC_{\text{GT}} = -867 - 97 \ln W_{\text{GT}} + 1\,652 \times \exp(\eta - 0.42)$	A、B、C、D:待定常数 W_{GT}:燃气轮机输出功率,kW η:低位发热值热效率
		三变量	$DC_{\text{GT}} = 1\,302 - 1\,308 \ln \pi/\pi^{0.75}$ $-92 \ln [\dot{G}_{\text{a}} (1 - 1/\pi^{0.25})]$ $+559 \ln \pi/\pi^{0.75} [1 + 0.5 \exp(\tau - 5.5)]$	π:温比 τ:压比 $\dot{G}_{\text{a}}$:压气机入口空气质量流量,kg/s
煤制气			$EPC_{\text{GT}} = 32\,000\,000 N_{\text{T,GT}}$ $EPC_{\text{GT}} = 168\,000 W_{\text{GT}}$ $EPC_{\text{GT}} = 47\,303\,000 N_{\text{T,GT}}$	$N_{\text{T,GT}}$:套数 W_{GT}:燃气轮机输出功率,MW

注 1. DC——单位成本,美元/kW;EPC——投资成本,美元。

注 2. 下标:C——压缩机,COMB——燃烧室,E——透平,GT——燃气轮机。

分部件模型将成本表征为燃气轮机内部多个参数的函数,能够对先进燃气轮机循环进行技术经济分析。但分部件模型涉及参数多,数据获得难度大,可验证性差,计算过程较为复杂。在工程采购中燃气轮机通常是按整机出售,因此工程估算应采用整机投资成本模型。整机模型适用范围较广,预测结果与工业数据符合较好。

整机模型精度与自变量及模型函数形式密切相关。大部分的学者都是选取输出功率为基本自变量,在此基础上可以增加其他参数以提高模型精度。

3.5.2　更新燃气轮机投资成本预测模型

根据以上分析,同时考虑工业数据的获得,本书选取预测单位成本的单变量和双变量半经验整机成本模型进行更新。

1. 更新单变量(对数函数)模型

本书根据 *GTW handbook* 2009 的最新工业数据,采用 OriginPro 8.0 对燃气轮机整机单变量(对数函数)投资成本模型进行更新,得出

$$DC_{GT} = (-100.64\ln W_{GT} + 1\ 442.16) \cdot W_{GT} \tag{3.44}$$

式中,DC_{GT} 为燃气轮机成本,美元;W_{GT} 为输出功率,kW。

模型相关系数:$R = 0.943\ 5$,从图 3.12(a)可以看出更新模型预测结果与 2009 年的实际价格较为接近,相对误差大都在 $\pm 10\%$ 以内。

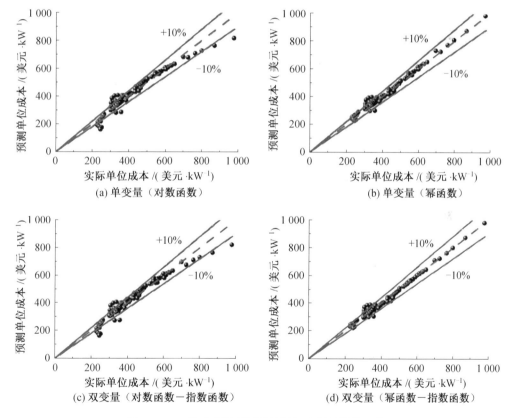

图 3.12　四种成本模型预测结果与实际数据的比较

2. 更新双变量(对数函数−指数函数)模型

对于所有型号的燃气轮机,*GTW handbook* 2009 还提供了热效率(LHV)数据。同样采用 OriginPro 8.0 对燃气轮机双变量(对数函数−指数函数)投资成本模型拟合得出

$$DC_{GT} = [1\ 547.87 - 97.29\ln W_{GT} - 149.96\exp(\eta - 0.42)] \cdot W_{GT} \tag{3.45}$$

式中,DC_{GT} 为燃气轮机成本,美元;W_{GT} 为输出功率,kW;η 为热效率(LHV),%。

模型的相关系数为 0.944 1,拟合曲面如图 3.13(a)所示,预测结果与实际成本数据的比较如图 3.12(c),误差大都分布在 10% 以内。

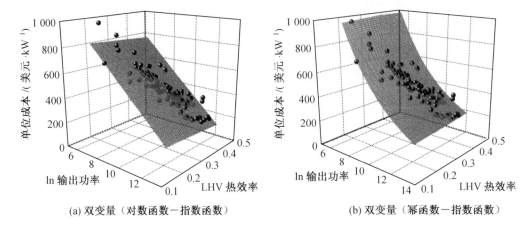

(a) 双变量(对数函数－指数函数)   (b) 双变量(幂函数－指数函数)

图 3.13 双变量模型的拟合曲面

3.5.3 新建燃气轮机投资成本预测模型

观察 ln W–单位成本的分布(图 3.13(a)),可以看到 ln W 与 DC 之间呈指数衰减趋势而不是线性关系。假设 ln W 和 DC 为指数关系,运用数学原理进行转换,可以推导出 DC 应该是 W 的幂函数。对幂函数 $y = ax^b$ 两边同取对数则有:$\ln y = \ln a + b\ln x$,即 $\ln DC$ 与 ln W 应为线性关系。为了验证 DC 与 W 是否是幂函数关系,做出 ln W–ln DC 如图 3.14 所示。显然,ln W 与 ln DC 大致为线性关系,因此可以确定 DC 与 W 为幂函数关系。

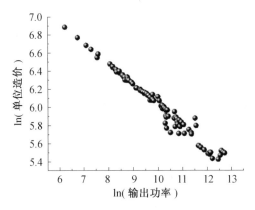

图 3.14 单位千瓦造价的对数与输出功率的对数的关系

1. 新建单变量(幂函数)模型

本书采用回归系数反映自变量对成本的影响,而其他无规律或人为因素则以常系数进行修正。由此建立燃气轮机单变量(幂函数)投资成本通用回归模型如下:

$$DC_{GT} = (A \times W_{GT}^{B} + C) \cdot W_{GT} \tag{3.46}$$

由实际数据回归确定回归系数 A、B、C 后,运用相关性检验和误差分析可判断通用回归公式的准确度。

同样采用 *GTW handbook* 2009 的实际数据,采用 OriginPro 8.0 进行拟合,得到单变量(幂函数)成本模型如下:

$$DC_{GT} = (3\,925.07 \times W_{GT}^{-0.22} - 12.14) \cdot W_{GT} \qquad (3.47)$$

式中,DC_{GT} 为燃气轮机成本,美元;W_{GT} 为输出功率,kW。

模型相关系数为 $R = 0.985\,4$,模型预测结果如图 3.12(b)。

图 3.15 是初始、更新和新的单变量投资成本模型拟合结果的比较。更新后的对数模型准确度显著改善;幂函数模型的拟合精度明显优于对数模型,并反映了实际数据的分布情况。

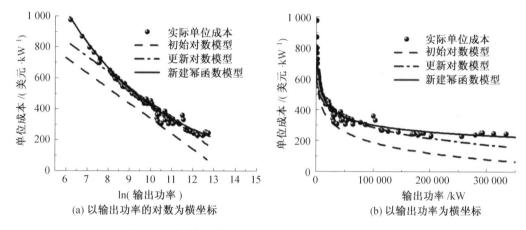

图 3.15　初始、更新和新的单变量投资成本模型的比较

2. 新建双变量(幂函数–指数函数)模型

双变量(对数函数–指数函数)模型的误差分布(图 3.12(c)),与单变量(对数函数)模型的误差分布(图 3.12(a))趋势相似。从图 3.13(a)可以看到,DC 与 $\ln W$ 之间也是类似的指数递减趋势。同理建立双变量(幂函数–指数函数)投资成本通用回归模型

$$DC_{GT} = [A \times W_{GT}^{B} + C \times \exp(\eta - 0.42) + D] \cdot W_{GT} \qquad (3.48)$$

同样由实际数据回归确定回归系数 A、B、C、D 后,再采用相关性检验和误差分析判断模型准确度。

依据 *GTW handbook* 2009 数据并采用 OriginPro 8.0 拟合,得出双变量(幂函数–指数函数)投资成本模型如下:

$$DC_{GT} = [4\,139.18 \times W_{GT}^{-0.23} + 161.15 \exp(\eta - 0.42) - 170.42] \cdot W_{GT} \qquad (3.49)$$

式中,DC_{GT} 为燃气轮机成本,美元;W_{GT} 为输出功率,kW;η 为热效率(LHV),%。

模型相关系数为 $R = 0.986\,5$,模型误差较小,精确程度较高。拟合曲线如图 3.13(b)所示,预测结果与实际成本的比较如图 3.13(d)。

3.5.4　用于 IGCC 的煤制气燃气轮机

GE 公司的 9E 燃气轮机是目前国内天然气联合循环电站经常采用的一种燃气轮机。已知国内某两个联合循环电站工程项目中计划采购的 9E 燃气轮机的主要投资成本如表 3.14 所示。

表 3.14　天然气燃气轮机投资成本数据（中国 IGCC 项目）

	Ref	国内一	国内二
投资成本/10^6 美元	32.73	36.60	35.50
单位成本/（美元·kW^{-1}）	265.26	296.60	287.70

注 1. 汇率为 1 美元=6.83 人民币。

注 2. 参考情景为 GE 公司 PG9171(E)燃气轮机发电机组交钥匙工程的离岸价格。

注 3. 燃气轮机 ISO 工况下的出力按 123.4 MW 计算。

从表 3.14 中可以看到，国内的两个项目实际购买的 E 级燃气轮机的投资成本较国外都有所增加，两个项目平均单位成本为 292.15 美元/kW，相对于参考的 265.26 美元/kW增加了 10.14%。按 3.2.3 节的分析，进口国外燃气轮机到岸投资成本应为 FOB×110%，这与上述 10.12%的差异是一致的。

依据上述分析，用于工程估计的国内天然气燃气轮机投资成本可遵循：

$$DC_{国内} = 110\% \times DC_{国外} \tag{3.50}$$

式中，$DC_{国外}$为本书四种模型的预测结果。

例如选用本书新建的双变量（幂函数－指数函数）投资成本预测模型时，中国天然气燃气轮机投资成本预测模型为

$$DC_{国内} = 1.1 \times [4\,139.18 \times W_{GT}^{-0.23} + 161.15\exp(\eta - 0.42) - 170.42] \cdot W_{GT} \tag{3.51}$$

式中，DC_{GT}为燃气轮机成本，美元；W_{GT}为输出功率，kW；η 为热效率（LHV），%。

IGCC 电站中，煤制气的热值和成分发生变化及与 IGCC 的工艺流程和系统有机结合的要求，使得其燃气轮机与天然气－蒸汽联合循环的燃气轮机存在区别。

国内 IGCC 工程用煤制气燃气轮机投资成本工程估价可按下式计算：

$$DC_{国内,syn} = DC_{国内} + \zeta_{改造} \tag{3.52}$$

在国内建设中和计划建设的 IGCC 工程中，燃气轮机改造费用 $\zeta_{改造}$ 并不具有一定的规律。这是因为：

改造费用主要包括设备和材料费用、工程费用、研发费用及调试费用。研发费用和调试费用的不确定性因素较多，浮动较大，且所占比例较大。

研发费用和调试费用具有这些特性是因为：一方面，燃气轮机是由改造得到并依据具体项目要求进行，需要专项研发、技术攻关、反复试验，多次调试以保证可靠性和可用率，这需要大量研发调试费用，人工费用根据地区不同也存在较大差异。另一方面，煤制气燃气轮机的需求量尚远远小于天然气燃气轮机，处在市场形成的初始阶段。价格确定主要是依据业主与供应商招投标和谈判达成共识，并未形成统一定价机制，这也决定了目前改造费用尚不具有可预见性，只能根据项目具体需要来与供应商谈判。

然而，随着技术发展和需求增加，批量生产和规模效应将使研发费用极大降低，由此逐渐形成规范而成熟的市场。在市场成熟阶段，研发费用只占极小的份额，工程费用和调试费用将列入交钥匙工程成本。可以预见成熟市场中，煤制气燃气轮机与天然气燃气轮机的价格差别不大，主要增加在于设备和材料费用，并将形成与天然气燃气轮机成本类似的变化规律。

3.6　余热锅炉及蒸汽轮机单元

我国已经具备设计和制造较先进的余热锅炉和蒸汽轮机的能力,因此余热锅炉及蒸汽轮机单元能实现国产化。余热锅炉的制造厂商有哈尔滨电气集团、东方电站集团、上海电气电站集团下属的锅炉和换热器生产厂商,此外杭州锅炉集团也具备生产经验。在汽轮机设计和生产方面,我国三大动力集团都具备为天然气联合循环电站提供汽轮机的经验。

本节将对 IGCC 电站的余热锅炉及蒸汽轮机分别确定关键参数,建立中国 IGCC 电站的余热锅炉成本预测模型和蒸汽轮机成本预测模型。

3.6.1　蒸汽轮机

汽轮机及其辅机包括高压、中压和低压汽轮机,发电机以及排气凝汽器。IGCC 电站的汽轮机与常规 PC 电站使用的汽轮机没有根本性的变化。

本小节将根据国内工程数据,对中国 IGCC 电站的蒸汽轮机投资成本进行建模。

1. 现有蒸汽轮机投资成本预测模型

卡内基梅隆大学建立了 IGCC 电站使用的蒸汽轮机投资成本预测模型:

$$DC_{ST} = 0.145W_e \tag{3.53}$$

式中,DC_{ST} 为蒸汽轮机成本,10^3 美元;W_e 为蒸汽轮机输出功率,kW。

国内则以国内常规 PC 电站中汽轮机及其辅机的典型造价作为 IGCC 电站的估算基准,通过规模缩放预测成本。缩放量为输出功率,基准造价参考《火电工程限额设计参考造价指标》。清华大学研究认为缩放因子为 0.65。

2. 蒸汽轮机数据

《火电工程限额设计参考造价指标》中 2×300 MW 亚临界蒸汽轮机投资成本为 12.55 亿元。国内某两座 IGCC 电站中输出功率为 66 MW 的蒸汽轮机实际投资为 13 860.66 万元,输出功率为 108.58 MW 的蒸汽轮机实际投资为 23 738 万元。

3. 新建蒸汽轮机投资成本预测模型

本书采用规模预测的方法,以《火电工程限额设计参考造价指标》的造价为基准,缩放量为输出功率,缩放因子为 0.94。

因此,中国 IGCC 电站蒸汽轮机投资成本预测模型为

$$DC_{ST} = 62\ 750 \times (W_{ST}/300)^{0.94} \tag{3.54}$$

式中,DC_{ST} 为蒸汽轮机成本,万元;W_{ST} 为蒸汽轮机输出功率,MW。

3.6.2　余热锅炉

IGCC 电站中,余热锅炉的受热面布置与汽水系统耦合方式有密切关系,高、中、低压蒸汽的质量流量不仅与常规联合循环明显不同,不同的 IGCC 系统之间也有明显差异,余热锅炉在一定程度上反映了系统的集成优化程度。余热锅炉包括过热器、再热器、高压汽包、高压蒸发器和省煤器。

本小节将分析余热锅炉关键参数,并对中国 IGCC 电站余热锅炉成本进行建模。

1. 现有余热锅炉投资成本预测模型

卡内基梅隆大学建立了 IGCC 电站余热锅炉成本预测模型:

$$DC_{\text{HRSG}} = -5\,943 + 7.98 \times 10^{-3} N_{\text{T,HR}} P_{\text{hps,HR,O}}^{1.526} \left(\frac{M_{\text{hps,HR,O}}}{N_{\text{O,HR}}} \right)^{0.242} \tag{3.55}$$

式中,$N_{\text{T,HR}}$ 为总套数;$N_{\text{O,HR}}$ 为运行套数;$P_{\text{hps,HR,O}}$ 为高压蒸汽压力,psia(1 psia = 6.890 kPa);$M_{\text{hps,HR,O}}$ 为高压蒸汽质量流量,$66\,000 < \dfrac{M_{\text{hps,HR,O}}}{N_{\text{O,HR}}} < 640\,000$。

加拿大诺瓦斯科舍科技大学建立的 IGCC 电站余热锅炉投资成本预测模型为

$$DC_{\text{HRSG}} = f_1 \cdot f_2 \cdot f_3 \cdot k \cdot m^{0.8} \tag{3.56}$$

式中,DC_{HRSG} 为余热锅炉成本,10^6 美元;m 为主蒸汽质量流量,kg/s;k 为 0.275×10^6 美元/kg$^{0.8}$。

$$f_1 = \exp\left(\frac{P_{\text{T}} - P_{\min}}{150} \right), f_2 = 1.0 + \left(\frac{1 - \eta_{\text{ref}}}{1 - \eta} \right)^7, f_3 = 1 + 5\exp\left(\frac{T_{\text{T}} - T_{\max}}{10} \right) \tag{3.57}$$

式中,P_{T} 为主蒸汽压力,MPa;T_{T} 为主蒸汽温度,K;η 为设计效率。

模型参考基准点:$P_{\min} = 2.8$ MPa;$T_{\max} = 940$ K;$\eta_{\text{ref}} = 0.99$。

清华大学依据诺瓦斯科舍科技大学的模型,考虑余热锅炉完全国产化建议地区因子取为 0.5。因此,更新的余热锅炉投资成本预测模型为

$$DC_{\text{HRSG}} = 0.5 \cdot f_1 \cdot f_2 \cdot f_3 \cdot k \cdot m \tag{3.58}$$

2. 余热锅炉数据

本书分析的方案均采用多压再热式余热锅炉,与 F 级燃机匹配。参考国外同样布置的研究,余热锅炉的关键参数与成本如表 3.15 所示。

表 3.15　余热锅炉关键参数与投资成本数据

方案	主蒸汽流量		主蒸汽压力		主蒸汽温度		投资成本
	/(kg·h⁻¹)	/(lb·h⁻¹)	MPa	psig	℃	℉	/10^6 美元
1	388 803	857 162	12.4	1 800	566	1 050	18.57
2	376 049	829 045	12.4	1 800	538	1 000	17.71
3	368 554	812 522	12.4	1 800	566	1 050	18.52
4	372 086	820 307	12.4	1 800	538	1 000	17.79
5	414 742	914 348	12.4	1 800	566	1 050	18.62
6	258 851	570 667	12.4	1 800	538	1 000	17.70

注:1 psig = 6.890 kPa。

3. 新建余热锅炉投资成本预测模型

本书以主蒸汽流量为主要参数,使用 3.6.2 中 2 小节数据,对卡内基梅隆大学和诺瓦斯科舍科技大学的模型分别进行更新。

设 HRSG 投资表达式为

$$DC_{\text{HRSG}} = k \times DC_{\text{现有模型预测值}} \tag{3.59}$$

式中,k 为待定系数。

令该公式计算成本与已有数据的方差最小,即可确定 k 值。

以诺瓦斯科舍科技大学模型为基础,更新的 HRSG 成本预测模型为

$$DC_{HRSG} = 1.65 \cdot f_1 \cdot f_2 \cdot f_3 \cdot k \cdot m^{0.8} \tag{3.60}$$

式中,DC_{HRSG} 为余热锅炉投资,10^6 美元;m 为主蒸汽的质量流量,kg/s;k 为 0.275×10^6 美元/$kg^{0.8}$。

$$f_1 = \exp\left(\frac{P_T - P_{min}}{150}\right), f_2 = 1.0 + \left(\frac{1 - \eta_{ref}}{1 - \eta}\right)^7, f_3 = 1 + 5\exp\left(\frac{T_T - T_{max}}{10}\right) \tag{3.61}$$

式中,P_T 为主蒸汽压力,MPa;T_T 为主蒸汽温度,K;η 为设计效率。

模型参考基准点:$P_{min} = 2.8$ MPa;$T_{max} = 940$ K;$\eta_{ref} = 0.99$。模型更新前后的预测结果比较如图 3.16(b)所示。

以卡内基梅隆大学的预测模型为基础,更新的 HRSG 成本预测模型为

$$DC_{HRSG} = -6\,953 + 11.31 \times 10^{-3} P_{hps,HR,O}^{1.526} M_{hps,HR,O}^{0.242} \tag{3.62}$$

式中,$P_{hps,HR,O}$ 为高压蒸汽压力,psia;$M_{hps,HR,O}$ 为高压蒸汽质量流量,kg/h。

模型更新前后的预测结果比较如图 3.16(a)所示。本书选取更新后的卡内基梅隆大学的模型进行地区修正。

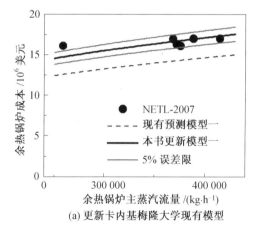

(a) 更新卡内基梅隆大学现有模型

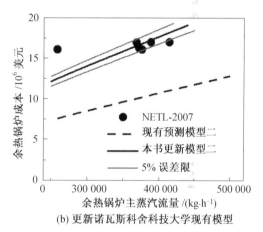

(b) 更新诺瓦斯科舍科技大学现有模型

图 3.16　更新余热锅炉投资成本模型预测结果

4. 地区因子

参考国内的工程报告和文献资料中 IGCC 电站的余热锅炉投资成本数据(表 3.16),对已更新的卡内基梅隆大学的余热锅炉单元投资成本预测模型引入地区修正,地区因子为 0.11。

表 3.16　余热锅炉投资数据(中国)

序号	蒸汽压力/psia	蒸汽流量/(lb·h⁻¹)	投资/万元
1	1 537.32	522 486.77	7 147.20
2	1 390.08	606 261.02	6 200.00

中国 IGCC 电站的余热锅炉单元投资成本预测模型为

$$DC_{HRSG} = 0.11 \times 6.83 \times (-6\,953 + 11.31 \times 10^{-3} P_{hps,HR,O}^{1.526} M_{hps,HR,O}^{0.242}) \tag{3.63}$$

式中,DC_{HRSG}为余热锅炉单元成本,万元;$P_{hps,HR,0}$为高压蒸汽压力,psia;$M_{hps,HR,0}$为高压蒸汽质量流量,lb/h。

3.7　WGS 单元成本模型

文献中提到变换模块投资主要取决于处理的气体量。对不同气化炉而言,所需要处理的气体成分及流量不尽相同,尤其是对输运床空气气化,进入反应器的气体流量较大。选取进入 WGS 单元的气体的总量,即煤气及水蒸气量之和为关键参数。WGS 变换反应的发生需要催化剂的存在,本书研究中采用的是耐硫变换,在投资成本的预测中,将初次投入的耐硫变换反应催化剂的成本包含在内。本章数据拟合中得到的 R^2 表示拟合曲线的线性相关系数的平方。R^2 的范围在 $0 \sim 1$,其数值越高,代表拟合曲线的显著性越高。

3.7.1　WGS 单元投资

不同研究中 IGCC 捕集电站系统 WGS 模块的入口气体总量及相应的投资成本如表3.17 所示。

表 3.17　变换模块关键性能参数及投资成本数据

方案	1	2	3	4
进 WGS 煤气量/10^3 kmol·h^{-1}	17.3	35.3	36.7	41.3
投资成本/10^6 美元	6.5	10.7	11.2	17.5

对以上数据采用指数函数进行拟合,可得变换模块(含催化剂)投资成本预测模型为

$$DC_{WGS} = 6.324\ 3 + 0.011\ 2\exp\left(\frac{M_{gasin}}{5.983\ 1}\right)\ (R^2 = 0.992) \quad (3.64)$$

式中,DC_{WGS}为变换单元投资成本,10^6 美元;M_{gasin}为变换单元进口煤气及水蒸气的总量,10^3 kmol/h。

模型预测结果如图 3.17 所示。

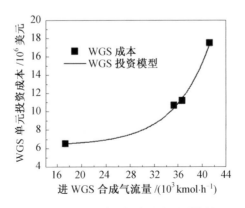

图 3.17　WGS 单元投资成本预测结果

WGS 单元可以完全国产化,由于国内的文献中对 WGS 单元的投资成本的数据较少,且未给出 WGS 单元的规模,对中国 WGS 单元投资成本的地区因子的选取较困难。文献

[155]中给出了国产化的 NHD 技术及国外 Selexol 技术投资成本的比例为 0.74。考虑到 WGS 单元及 NHD 单元在化工行业通常配套使用，对 WGS 单元选取与 NHD 相同的地区因子 0.74。考虑美元与人民币的兑换比例，则适用于我国的 WGS 单元的投资成本预测模型为

$$DC_{WGS} = 0.74 \times 6.83 \times \left(632.43 + 1.12\exp\left(\frac{M_{gasin}}{5.983\ 1}\right)\right) \qquad (3.65)$$

式中，DC_{WGS} 为变换单元投资成本，万元；M_{gasin} 为变换单元进口煤气及水蒸气的总量，10^3 kmol/h。

3.7.2　WGS 单元催化剂初次投入体积

　　WGS 单元催化剂在电站运行中将有所损耗，需要适时地更换或增加。催化剂损耗所造成的成本属于电站的运行维护成本。为了计算由于催化剂损耗而产生的成本增加，首先需要对催化剂的总量进行预测。同样选取进入 WGS 单元的气体的总量为关键参数。不同研究中变换模块的入口气体总量及相应的催化剂体积如表 3.18 所示。

表 3.18　WGS 单元关键性能参数与催化剂体积数据

方案	1	2	3	4
进 WGS 煤气量/(10^3 kmol·h^{-1})	17.3	35.3	36.7	41.3
催化剂体积/10^3 ft^3	3.0	6.0	6.3	11.1

　　对以上数据进行拟合，可得到 WGS 单元催化剂体积预测模型为

$$M_{catalyst} = 2.902\ 9 + 0.005\ 8\exp\left(\frac{M_{gasin}}{5.696\ 44}\right)\ (R^2 = 0.989) \qquad (3.66)$$

式中，$M_{catalyst}$ 为催化剂首次投入体积，10^3 ft^3；M_{gasin} 为变换单元进口煤气及水蒸气的总量，10^3 kmol/h。

　　模型预测结果如图 3.18 所示。通常，电站每年的催化剂的损耗量为初次投入的催化剂的量的 25%，WGS 单元催化剂的年损耗量为公式×0.25。

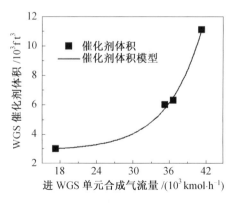

图 3.18　WGS 单元催化剂体积预测

3.8　CO₂ 分离单元投资成本预测模型

将对 MDEA 法及 NHD 法两种 CO_2 分离单元的投资成本进行预测。

3.8.1　NHD 单元投资成本预测

NHD 单元的投资成本预测模型通过国外的 Selexol 法的数据进行推测,并引入地区因子。文献[55]认为,在相同的 CO_2 吸收率下,Selexol 单元的投资成本与进入吸收单元的煤气流量有关。因此,选取进入 Selexol 单元的煤气的流量为关键性能参数进行 Selexol 单元的成本预测。

不同研究中 IGCC 捕集电站 Selexol 单元的关键性能参数及投资成本如表 3.19 所示。对以上数据进行拟合,可以得到 Selexol 单元的投资成本预测模型为

$$DC_{\text{selexol}} = 55.864\ 9 + 9.504\ 5 \times 10^{-4} \exp\left(\frac{M_{\text{gasin}}}{3.441\ 9}\right)\ (R^2 = 0.978) \quad (3.67)$$

式中,DC_{selexol} 为 Selexol 单元的投资成本,10^6 美元;M_{gasin} 为进入 Selexol 单元的其他的流量,10^3 kmol/h。

模型预测结果如图 3.19 所示。

表 3.19　Selexol 单元关键性能参数和投资成本数据

方案	1	2	3	4
进 Selexol 煤气量/(10^3 kmol·h^{-1})	18.7	28.2	25.8	28.7
投资成本/10^6 美元	56.1	59.5	57.5	59.7

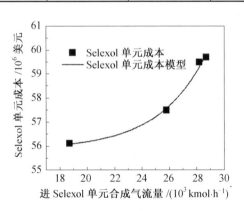

图 3.19　Selexol 单元投资成本预测结果

文献[155]中给出了国产化的 NHD 技术及国外 Selexol 技术投资成本的比例为 0.74,考虑人民币与美元的兑换比例,则可以得到 NHD 单元的投资成本预测模型为

$$DC_{\text{NHD}} = 0.74 \times 6.83 \times \left(5\ 586.49 + 9.504\ 5 \times 10^{-2} \exp\left(\frac{M_{\text{gasin}}}{3.441\ 9}\right)\right) \quad (3.68)$$

式中,DC_{NHD} 为 Selexol 单元的投资成本,万元;M_{gasin} 为进入 NHD 单元的其他的流量,10^3 kmol/h。

通过计算得到吸收剂的流量,乘以吸收剂的单价,则为 NHD 单元吸收剂初次投入的成本,这部分成本也应计算在 NHD 单元的投资成本中。国内市场上 NHD 溶液的价格约为 2.2 万元/吨。文献[55]中提到,NHD 溶液的损耗较小,每年的 NHD 溶液的损耗约为吸收剂总量的 10%。

3.8.2　MDEA 单元投资成本预测

见诸研究中,采用 MDEA 法吸收 CO_2 过程的投资成本的数据较少且不全面,考虑到 MDEA 法及 MEA 法吸收 CO_2 过程的流程相似,仅仅是吸收剂有所差别,对 MDEA 单元的投资成本预测,参考 MEA 工艺流程的投资成本。同样选取进口煤气的流量为关键性能参数。

不同研究中的 MEA 单元的关键参数及投资成本数据如表 3.20 所示。

表 3.20　MEA 单元关键参数及投资成本数据

方案	1	2	3	4
进 MEA 单元气体流量/(10^3 kmol · h^{-1})	54.2	65.6	108.2	120.3
MEA 单元投资成本/10^6 美元	142.0	170.6	202.9	215.0

对以上数据进行拟合,可以得到 MEA 单元的投资成本预测模型为

$$DC_{MEA} = 6.094\ 1 + 3.282\ 2 M_{gasin} - 0.013\ 08 M_{gasin}^2\ (R^2 = 0.925) \tag{3.69}$$

式中,DC_{MEA} 为 MEA 单元的投资成本,10^6 美元;M_{gasin} 为进入 MEA 单元的气体的流量,10^3 kmol/h。

模型预测结果如图 3.20 所示。选取地区因子为 0.74,市场上含量 99% 以上的 MDEA 单价约为 1.6 万元/吨,则含量 50% 的 MDEA 溶液的成本约为 0.8 万元/吨,吸收剂的流量可由计算得到。则 MDEA 单元的投资成本预测模型为

$$DC_{MDEA} = 0.74 \times 6.83 \times (609.41 + 328.22 M_{gasin} - 1.308 M_{gasin}^2) + 0.8 M_{MDEA} \tag{3.70}$$

式中,DC_{MDEA} 为 MDEA 单元初次投入成本,万元;M_{gasin} 为进入 MDEA 单元煤气流量,10^3 kmol/h;M_{MDEA} 为吸收剂的质量流量,t/h。

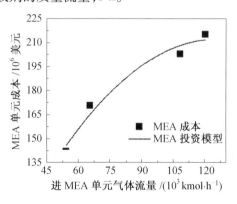

图 3.20　MEA 单元投资成本预测结果

MDEA 单元运行 MDEA 消耗为初次投入量的 30%,则可以计算由于 MDEA 溶液损耗引起的运行维护成本的增加。

3.9　CO_2 压缩单元投资成本预测

分离后的 CO_2 气体需要进一步压缩至液态,输送至某处封存或用于驱油等。CO_2 压缩压力通常是由运输距离及封存压力要求决定的,目前研究中 CO_2 压缩压力一般选择在 10 ~ 15 MPa,本书中确定 CO_2 的最终压缩压力为 15 MPa,通过多级 CO_2 压缩机将 CO_2 压缩至 8 MPa,经冷却后 CO_2 成为液态,而后经压缩泵压缩至 15 MPa。CO_2 压缩单元的投资成本主要与 CO_2 流量及压缩单元气体进出口压力有关,对 NHD 法和 MDEA 或 MEA 法捕集 CO_2 的流程,CO_2 产品气的压力不同,从而会造成压缩机的规模及投资不同,本节将分别对来自于 NHD 工艺和 MDEA 或 MEA 工艺的 CO_2 压缩单元进行建模。

3.9.1　NHD-CO_2 压缩单元投资成本预测

选取 CO_2 的流量为关键性能参数,以压缩压力为 15 MPa 压缩模块的投资数据为基础对 NHD 工艺产生的 CO_2 压缩单元进行投资成本预测,具体数据如表 3.21 所示。

表 3.21　CO_2 压缩单元关键性能参数及投资成本数据

方案	1	2	3	4	5
CO_2 产品气流量/(10^3 kmol · h^{-1})	1.2	8.8	10.7	10.1	10.3
投资成本/10^6 美元	8.7	16.2	17.7	17.0	17.3

根据以上数据进行拟合,地区因子选取 0.74,考虑人民币与美元的兑换比例,得到 CO_2 压缩单元的投资成本预测模型为

$$DC_{\text{NHD-}CO_2\text{comp}} = 0.74 \times 6.83 \times (760.78 + 94.55 M_{CO_2}) \ (R^2 = 0.998) \qquad (3.71)$$

式中,$DC_{\text{NHD-}CO_2\text{comp}}$ 为 CO_2 压缩单元投资成本,万元;M_{CO_2} 为 CO_2 产品气流量,10^3 kmol/h,未考虑地区因子及汇率的模型预测结果如图 3.21 所示。

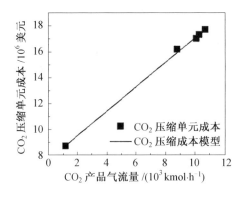

图 3.21　NHD-CO_2 压缩单元投资预测

3.9.2　MDEA-CO_2 压缩单元投资成本预测

对通过化学吸收法工艺产生的 CO_2 产品气压缩单元的投资成本进行预测,同样选取

CO_2产品气的流量为关键参数,采用如表3.22所示的数据进行预测。

表3.22　基于化学吸收法的CO_2压缩单元关键参数与投资成本数据

方案	1	2	3	4	5	6
CO_2产品气流量/$(10^3\ kmol \cdot h^{-1})$	6.9	13.9	7.7	11.1	14.2	12.9
投资成本/10^6美元	19.2	29.2	20.6	25.8	28.4	26.9

对以上数据进行拟合,地区因子选取0.74,考虑汇率因素,可以得到基于化学吸收法的CO_2压缩单元投资成本预测模型为

$$DC_{MDEA-CO_2comp} = 0.74 \times 6.83 \times (1\,052.41 + 130.37 M_{CO_2})\ (R^2 = 0.976) \qquad (3.72)$$

式中,$DC_{MDEA-CO_2comp}$为CO_2压缩单元投资成本,万元;M_{CO_2}为CO_2产品气流量,10^3 kmol/h。

未考虑地区因子及汇率因素的模型预测结果如图3.22所示。

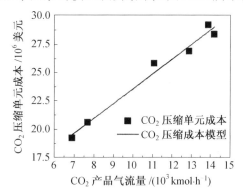

图3.22　MDEA-CO_2压缩单元投资预测

3.10　本章小结

本章将IGCC电站划分为九大主要单元,针对各主要单元逐个确定关键参数,建立投资成本预测模型。依据国内IGCC电站工程数据,建立了一整套适合中国国情的基于关键参数预测设备成本的IGCC电站主要单元投资成本预测模型。

本章建立的投资模型的预测结果是IGCC方案经济性评价和政策分析的基础,建立了性能到成本的连接,从而实现技术评价与经济评价的统一。

第4章　中国 IGCC 电站经济性评价方法

本章首先依据 IGCC 电站的特点,参考国内外相关设计规范和工程报告,确定 IGCC 电站经济性评价的经济性假定。采用统一的经济性假定,建立 IGCC 电站总投资预测框架、成本收益分析方法和经济性指标计算方法。最后,结合上一章建立的单元预测模型,建立以单元性能为输入量包括成本预测和经济性评价功能的中国 IGCC 电站经济性评价平台。

4.1　总资本需求框架

工程项目的经济性评价分为财务评价和国民经济评价。两种方式的利益主体不同,财务评价以项目利益为主体,国民评价以国民经济整体利益为主体。通常,工程项目都必须进行财务评价。财务评价包括投资预测和成本收益分析,评价指标包括投资、盈利和偿债指标等。财务评价使用的经济性参数统称为经济性假定,要获得可靠的评价结果,必须使用合理的经济性假定。采用统一的经济性假定,是进行方案间经济性比较的前提,因此,合理且统一的经济性假定和规范的评价流程,是经济性评价的基础。

经济性评价首先要明确项目的总资本需求。总资本需求是保证项目建设和投入运行所需的全部资金,包括设计采购施工(Engineering Procurement and Construction Cost,EPC)成本、工程费、预备费、建设期利息和铺底流动资金等。

本节将对现有 IGCC 电站投资预测框架进行由上至下的分析,剖析各级费用构成,掌握 IGCC 电站的总投资预测方法。从中国工程实际出发,自下而上地建立中国 IGCC 电站总投资预测框架。

4.1.1　现有 IGCC 电站预测框架

IGCC 电站总投资预测框架的研究成果中,使用较广的是 IGCC Model 和 TAG 模型。国内使用的模型包括电力设计院修正的可行性研究设计规范和清华大学参考国外规范修正的 IGCC 电站投资模型。本小节将对这四种 IGCC 电站投资预测框架进行由上而下的分析。

1. IGCC Model

IGCC Model 是美国能源部在 IGCC 技术发展初期开发的设计规范,用于预测电站总投资,进行简单的经济评价,结构如图4.1所示。IGCC Model 的估算较为简单,由于 IGCC 技术发展初期缺乏足够工程数据作为参考,大量的经济性假定需由用户确定。IGCC Model 搭建了统一的 IGCC 电站经济性评价平台,适合已知实际投资的工程经济性评价。

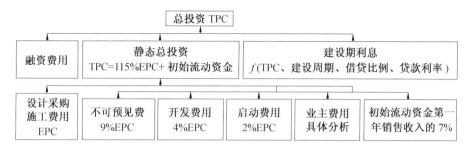

图 4.1　IGCC Model 总投资估算框架

2. TAG 模型

TAG 模型是 EPRI 建立的 IGCC 电站总投资估算规范,包括多级费用结构和费用计提比例,结构如图 4.2 所示。TAG 模型建立了完善的投资预测框架,并对费用计提比例给出推荐值,为国外许多研究广泛使用。但由于国情差异和会计制度的差异,TAG 模型不能直接用于中国 IGCC 电站的总投资预测。

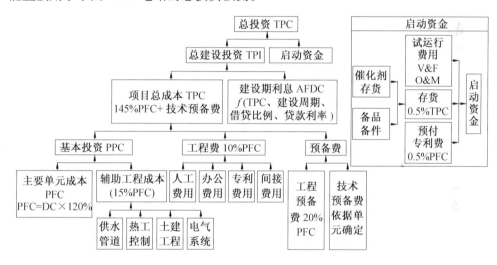

图 4.2　TAG 模型总投资估算框架

3. 国内修正模型

清华大学参考国外的计算框架,对 TAG 计算框架进行了修正,修正后结构如图 4.3 所示。修正模型依据国内实际对推荐值做出修正,结构沿用了国外规范,不符合国内工程估算,各级费用内涵与国内也存在差异。

4. 国内可行性研究框架

国内的可行性研究框架是国家计划发展委员会颁布的《投资项目可行性研究指南》的规定,是国内工程普遍使用的规范,采用国内经济性评价方法,结构如图 4.4 所示。国内可行性研究框架的费用划分是根据实际工程数据的可获得性,使用该框架需要确定的投资数据,国内目前尚没有对 IGCC 电站建立相应的经济性假定。

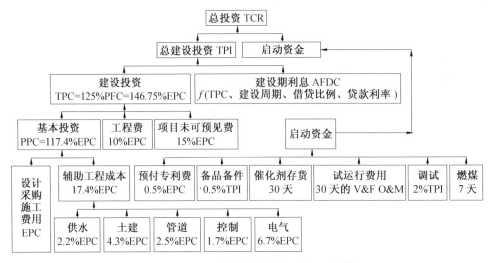

图 4.3　清华大学总投资估算框架(修正国外模型)

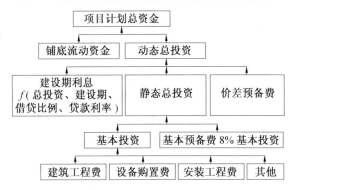

图 4.4　国内可行性研究总投资估算框架

4.1.2　中国 IGCC 电站总资本需求框架

为了建立一套基于中国经济性评价方法、符合中国国情的 IGCC 电站总投资预测框架；同时可利用系统模拟和文献报告计算得到各项费用,便于计算和验证。依据这两项要求,本书自下而上地建立了可实现并易操作的中国 IGCC 电站总投资预测框架,结构如图 4.5 所示。

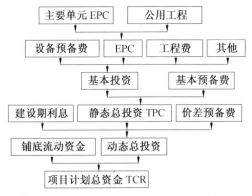

图 4.5　本书建立的 IGCC 电站总投资估算框架

本书框架使用国内经济性评价方法,符合中国国情。依据第 3 章的成本模型来划分费用,使用技术参数预测单元投资后,即可计算各项费用。

第 3 章的预测模型建模中使用的数据均为设备 EPC 成本,各单元模型结果之和即为主要单元 EPC 成本,单元 EPC 成本与公用工程成本即为工程 EPC 成本。接下来将具体讨论框架中各项费用的计提方法。

4.2　项目计划总投资

本节将对建立的总投资概算框架的费用构成和计算方法进行分析和描述。

4.2.1　静态投资

静态投资(TPC,Total Plant Cost)包括基本投资与基本预备费。基本投资又包括 EPC 成本、设备预备费、工程费及其他费用。本节将分析公用工程投资成本、设备预备费、工程费和其他费用的计提方法,由此计算得到静态投资。

1. 公用工程

公用工程主要包括土建、供水、管道、控制及电气系统。EPRI、华北电力设计院和清华大学都研究了 IGCC 电站公用工程成本的计提比例,如表 4.1 所示。

清华大学的学者将中国联合循环电站公用工程占 EPC 的比例与 EPRI 对联合循环电站的规定进行比较,计算地区因子。用该地区因子对 TAG 中公用工程的比例进行折算,得到中国 IGCC 电站公用工程的参考比例。

表 4.1　IGCC 电站公用工程现有计提比例

公用工程	计提比例/%		
	EPRI	华北电力设计院	清华大学
供水系统	7.1	2.8	2.2
土建工程	9.2	4.7	4.3
管道系统	7.1	2.8	2.5
热工控制系统	2.6	1.5	1.7
电气系统	8.0	7.5	6.7
总计	34.0	19.3	17.4

参考国内某 IGCC 电站的主要单元 EPC 和公用工程成本,得到公用工程占主要单元 EPC 的比例(表 4.2),实际工程中 18.50% 与国内研究得到的 19.30% 和 17.40% 一致。研究机构的推荐值是修正得到的,因此采用国内工程的实际比例。

2. 设备预备费

设备预备费表示性能和成本的不确定性可能造成的成本增加预期,费率随技术成熟程度而递减。EPRI 根据技术成熟度给出预备费率的推荐范围,如表 4.3 所示。

表 4.2　中国 IGCC 电站公用工程计提比例(推荐取值)

	投资成本/万元	占主要单元 EPC 的比例/%
主要单元 EPC	5 472	—
供水系统	153	2.80
土建工程	169	3.09
管道系统	120	2.19
热工控制系统	165	3.02
电气系统	405	7.40
总计	—	18.50

表 4.3　设备预备费计提比例推荐范围(EPRI)

技术发展阶段	设备预备费率/%
概念设计,数据有限	>40
概念设计,但具备实验平台数据	30～70
具有小规模的中试数据	20～35
具有已运行的全尺寸模块数据	5～20
商业化运行	0～10

　　国内可行性研究采用约定采购价或供应商报价,不考虑设备预备费,而本书从技术角度预测和评价经济性。并且国内 IGCC 电站刚投入示范,依据国外经验,电站建设和投入运行后还需要大量调试,因此需要确定各主要单元的设备预备费率。

　　卡内基梅隆大学研究了 IGCC 电站主要单元设备预备费率。NETL 研究了不同类型气化炉的设备预备费率及燃用煤制气的燃机设备预备费率。考虑中国 IGCC 电站刚进入示范阶段,结合所评价方案给出采用的设备预备费率,如表 4.4 所示。

表 4.4　IGCC 电站主要单元的设备预备费率(卡内基梅隆大学)

主要单元		设备预备费率/%		
		卡内基梅隆大学	NETL	推荐值
煤处理单元		5	—	5
空分单元		5	—	5
气化单元	水煤浆气化炉	—	0(GE)	20
	Shell 气化炉	15	5	5
	输运床气化炉	—	20	25
净化单元	酸性气体脱除单元	0	—	0
	硫回收单元	10	—	10
燃气轮机		30	5	30

续表 4.4

主 要 单 元		设备预备费率/%		
		卡内基梅隆大学	NETL	推荐值
余热锅炉及蒸汽轮机	蒸汽轮机	2.5	—	2.5
	HRSG	12.5	—	12.5
WGS 单元		—	—	5
CO_2 分离单元	NHD	—	—	10
	MDEA	—	—	10
公用工程		5	—	5

3. 工程费

工程费包括项目建设管理费、项目建设服务费和其他验收检测费用。工程费依据 EPC 按比例计提,现有研究中计提比例的范围为 7% ～ 15%。大多数的研究推荐取为 10% EPC,本书的工程费率按照 10% EPC 计提。

4. 基本预备费

基本预备费(也称为工程预备费)是工程的不确定性造成项目费用的变化,依据 EPC 按比例计提。TAG 的基本预备费率为 20%,NETL 的基本预备费率为 15%,国内工程概算中预备费率为 8% ～ 10%。依据本书估算的精度,基本预备费率取 10%。

5. 静态投资框架

通过本小节确定的计提比例,可以计算 IGCC 电站的静态投资。基本投资中的其他费用是预留的费用,如实际方案发生未分类的特殊费用则列为其他费用。

静态投资的计算方法如图 4.6 所示。依据第 3 章的单元成本模型预测结果即可计算得到公用工程成本和 EPC 成本。采用设定的费率计算得到设备预备费和工程费,EPC 成本、设备预备费与工程费为项目基本投资。使用工程预备费率计算得到工程预备费,工程预备费与基本投资成本之和即为项目的静态总投资。

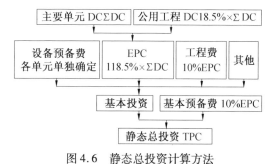

图 4.6　静态总投资计算方法

4.2.2　动态投资

静态投资、建设期利息及价差预备费即为动态投资(TPI,Total Project Investment)。本小节将研究建设期利息和价差预备费的计算方法,从而得到 IGCC 电站的动态投资。

1. 建设期利息

建设期利息是建设期内产生的借款利息及承诺费。凡建设期内有偿使用的资金,均应计算建设期利息。

建设期利息的计算需要确定借款分年投入计划和利率。工程中建设期利息依据实际贷款进行计算,没有明确贷款的则按项目适用的利率、期限、偿还方式计算。

建设期利息按复利计算,当年借款按半年、上年借款按全年计算:本年应急利息=(年初借款累计金额+当年借款额/2)×年利率。

采用《火电工程限额设计参考造价指标》的规定:资本金占动态投资的20%,长期贷款利率7.83%,借款期限15年。借款分年投入计划按照建设期资金投入比例(如表4.5)。

表4.5　建设期资金投入比例

	两年建设期		三年建设期		
	第1年	第2年	第1年	第2年	第3年
静态投资投入比例/%	55	45	30	50	20

2. 价差预备费

价差预备费是指估算年到项目建成时因物价可能上涨引起的费用增加。执行国家发展计划委员会会计投资(1999)1340号文,物价上涨指数为0。

3. 动态投资框架

4.2.1节已经计算了静态投资,资本金占动态投资的20%,即动态投资的80%为项目贷款总额,计算得到建设期利息。物价上涨指数为0即不考虑价差预备费,依据图4.7所示即可确定动态投资。

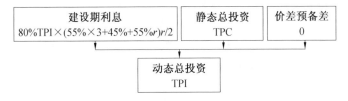

图4.7　动态总投资计算方法

4.2.3　项目计划总资金

项目计划总资金(TCR,Total Capital Requirement)包括动态投资与铺底流动资金,如图4.8所示。流动资金一般在项目投产前开始筹措,建设项目必须将流动资金的30%列入投资计划,即铺底流动资金。

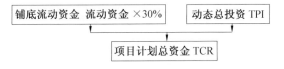

图4.8　项目总资金计算方法

4.3　发电成本

IGCC 电站的营业收入主要来自售电,电力的生产成本是 IGCC 电站重要的经济性指标。发电成本(COE , Cost of Electricity)包括折旧、燃料和运行维护费用,如图 4.9 所示,本节将分析各项费用的构成与计算方法。

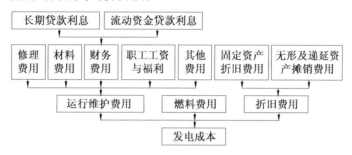

图 4.9　发电成本的费用构成

4.3.1　折旧费用

折旧费用(COD , Cost of Depreciation)包括固定资产的折旧费和无形及递延资产的摊销费,本小节将分析两种费用的计算方法。

1. 固定资产折旧费

固定资产在使用过程中磨损导致的价值损失通过提取折旧来补偿。折旧是在项目寿命期内将固定资产逐年以折旧费计入产品成本。折旧方法有年限平均法和加速折旧法,国内工程普遍采用直线折旧法,年折旧额为

年折旧额＝固定资产原值×[(1-残值率)/折旧年限×100%]

相关的经济性假定采用《火电工程限额设计参考造价指标》的规定:总投资的固定资产形成率95% ,残值率5% ,折旧年限 15 年。计算得到 IGCC 电站的年折旧率为 6.33% ,总投资形成的固定资产为 95% TCR,因此,固定资产年折旧费为 6.02% TCR。

2. 无形和递延资产摊销费

未形成固定资产的5% TCR 作为无形和递延资产计提摊销费,将损耗的价值转入成本费用。摊销采用年限平均法,不计残值。《火电工程限额设计参考造价指标》规定:摊销年限为 5 年,IGCC 电站的年摊销费为 1% TCR。

根据本小节的分析可以计算 IGCC 电站的折旧费用,如图 4.10 所示。

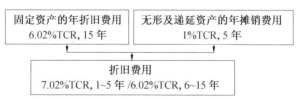

图 4.10　折旧费用计算方法

4.3.2 运行维护费用

运行维护费用(COM,Cost of O&M) 包括修理费、职工工资与福利费、财务费、材料费及其他。本小节将分析运行维护费用的构成和计算。

1. 修理费用

修理费依据固定资产原值计算,《火电工程限额设计参考造价指标》规定大修费率为 2.5%, 保险费率为 0.25%; 国内 IGCC 电站可行性研究中大修费率为 3%。本书分析中选取大修费率为 3%, 保险费率为 0.25%, IGCC 电站的年修理费为 3.09% TCR。

2. 职工工资与福利费用

职工工资与福利费包括工资、福利费及管理费。工资按职工总人数和人均年工资计算, 福利费和管理费按工资计提一定比例。参考《火电工程限额设计参考造价指标》和国内 IGCC 电站的可行性研究报告, 将 400 MWe 级 IGCC 电站职工定员为 250 人, 人均年工资为 5 万元, 福利费为工资的 60%。

3. 财务费用

财务费是电站筹集和使用资金发生的费用, 包括长期贷款利息和流动资金贷款利息等。

(1)长期贷款利息。

4.2.2 节 1 中已经明确长期贷款为动态资本的 80%, 长期贷款利率 7.83%, 借款期限 15 年。

采用等额本金法计算长期贷款还款。建设期结束长期贷款本息合计为

$$[1+(55\%\times3+45\%+55\%\times7.83\%)\times7.83\%/2]\times80\% \text{TPI}$$

依据 $A=P\left[\dfrac{i\,(1+i)^n}{(1+i)^n-1}\right]$ 计算得到每年应还金额,其中 A 为每年应还金额, P 为长期贷款总额, i 为贷款利率, n 为还贷期限。每年应还本息金额为 10.01% TPI, 年还款额如表 4.6 所示。

表 4.6　长期贷款年还款额(等额本息方式)

	1	2	3	…	15
年初本金余额	86.58% TPI	83.35% TPI	79.86% TPI	…	9.28% TPI
当年应还本息	10.01% TPI	10.01% TPI	10.01% TPI	…	10.01% TPI
当年应还利息	6.78% TPI	6.53% TPI	6.25% TPI	…	0.73% TPI
当年应还本金	3.23% TPI	3.48% TPI	3.76% TPI	…	9.28% TPI

(2)流动资金贷款利息。

流动资金贷款是贷款期一年的短期借款。按全年计算利息,并计入第二年的财务费用中。短期贷款利息=短期贷款额×年利率。《火电工程限额设计参考造价指标》规定短期贷款利率 7.47%, 流动资金贷款比例 70%。

4. 流动资金

流动资金包括流动资产和流动负债。流动资产包括现金、应收账款和存货,流动负债是应付账款,如图 4.11 所示。

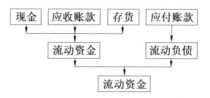

图 4.11　流动资金费用构成示意图

流动资金根据年周转次数或最低需要周转天数计算,周转次数 = 360/最低需要周转天数。《火电工程限额设计参考造价指标》规定现金、应付账款等周转次数按 12 次/年。流动资金周转次数如表 4.7 所示,具体计算方法如图 4.12 所示。

表 4.7　流动资金的周转次数

	项目		周转天数	周转次数
1	流动资产			
1.1		应收账款	30	12
1.2	存货			
1.2.1		原材料	30	12
1.2.2		燃料	30	12
1.2.3		在产品	2	180
1.2.4		产成品	7	51
1.3	现金		30	12
2	流动负债			
2.1		应付账款	30	12

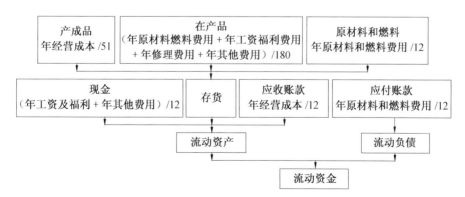

图 4.12　流动资金的计算方法

5. 材料费用

所有的物料消耗、低值易耗品及其运输费都属于材料费。材料费按照材料的种类计算:

$$材料费 = \sum 主要材料消耗定额 \times 单价 + 辅料及其他材料费$$

6. 其他费用

其他费用是指制造、管理和销售中扣除已列出的费用后所有其他费用的统称,按年销售收入计提,取年销售收入的 1.2%。

通过本小节的分析,可以计算 IGCC 电站的运行维护成本,如图 4.13 所示。

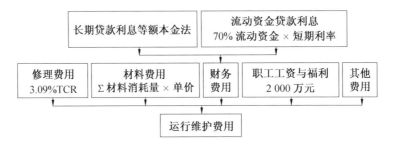

图 4.13　运行维护费用的计算方法

4.3.3　燃料费用

燃料费用(COF,Cost of Fuel)是燃煤、燃油及其他动力的费用。燃料费用=Σ 主要外购燃料动力消耗量×单价+其他外购燃料和动力费用。单列燃料成本是因为煤价的变动对发电成本影响很大,便于对燃料价格进行敏感性分析。

确定折旧摊销费用、运行维护费用、燃料费用的计算方法和经济性假定后,即可计算 IGCC 电站的发电成本。

4.4　经济性评价平台

经济性评价是依据国家现行的财税制度、价格体系和有关的法律法规,从项目角度出发,考察项目的盈利和偿债能力,判断项目财务可行性。

依据财务评价的方法,经济性评价指标包括总投资、比投资和发电成本,以及盈利能力指标和偿债能力指标。盈利能力指标包括净现值、回收期、内部收益率等,偿债能力指标包括借款偿还期、资产负债率等。

依照项目财务评价的方法,使用第 3 章模型预测结果及本章确定的总投资预测框架和发电成本计算方法,在 MS Excel 软件中编制主要的经济性计算程序。输入各个方案的主要技术参数,即可得到总投资、比投资、发电成本和财务评价指标,实现统一基准下的方案比选优化。本小节将介绍方案经济性评价的步骤及编写的经济性评价程序。

建立的 IGCC 电站经济性评价程序需要输入的技术参数如表4.8所示。

表4.8　IGCC 电站经济性评价程序的输入参数

装机容量		MW	
厂用电率		%	
煤处理单元	给煤量	t/d	
	给料方式		水煤浆/干粉
空气单元	整体化率	%	
	纯氧产量 M	t/d	
气化炉单元	水煤浆	给煤量	t/d	
		粗煤气冷却方式		激冷/煤气余热锅炉湿法除尘/煤气余热锅炉干法除尘
	干煤粉	给煤量 M	t/d	
		粗煤气冷却方式		激冷/煤气余热锅炉湿法除尘/煤气余热锅炉干法除尘
	输运床	给煤量 M	t/d	
		气化方式		空气/氧气气化
		粗煤气冷却方式		激冷/煤气余热锅炉湿法除尘/煤气余热锅炉干法除尘
净化单元	单质硫产量	t/d	
燃气轮机	输出功率 W_g	MW	
	燃机效率 η	%	
蒸汽轮机	输出功率 W	MW	
HRSG	主蒸汽压力 P	psia	
	主蒸汽质量流量 M	lb/h	
CO$_2$ 捕集单元	进 WGS 单元气体流量	10^3 kmol/h	
	进 NHD 单元气体流量	10^3 kmol/h	
	进 MDEA 单元气体流量	10^3 kmol/h	
	CO$_2$ 产品气流量	10^3 kmol/h	
	NHD 吸收剂流量	t/h	
	MDEA 溶液流量	t/h	
	MEA 溶液流量	t/h	

　　本章的分析确定了 IGCC 电站经济性评价程序涉及的经济性参数,无须再设定,程序同时允许依据工程实际对经济性参数进行修改。主要经济参数如表4.9所示。

表 4.9　IGCC 电站经济性评价程序的经济性假定

项目	推荐值	项目	推荐值	计提依据
建设期	2 年	所得税率	25%	应纳税利润
寿命周期	20 年	法定盈余公积金	10%	税后利润
年运行小时	6 000 h	提取公益金	0%	税后利润
财务折现率	8%	公用工程计提比例	18.50%	EPC
美元兑人民币汇率	6.83	工程费率	10%	EPC
长期借款利率	7.83%	基本预备费率	10%	EPC
短期借款利率	7.47%	贷款比例	80%	TPI
水费	1 元/(MW·h)	固定资产形成率	95%	TCR
原材料费用	6 元/(MW·h)	固定资产净残值率	5%	TCR
其他材料费用	12 元/(MW·h)	福利费率	60%	工资额
定员	280 人	铺底流动资金比例	30%	流动资金
人均年工资	5 万元/人	流动资金借款比例	70%	流动资金
增值税率	17%	城市维护建设税	7%	增值税
折旧年限	15 年	教育费附加	3%	增值税
摊销年限	5 年	其他税费附加	2.50%	增值税
含税标煤价	686.73 元/t	修理费率	3.25%	固定资产
硫单价	1 300 元/t	其他费率	1.20%	销售收入
WGS 催化剂单价	6 万元/m³	NHD 吸收剂单价	2.2 万元/t	
MDEA 吸收剂单价	0.8 万元/t	MEA 吸收剂单价	0.8 万元/t	

　　本书建立的 IGCC 电站的财务评价程序包括 15 张 Excel 表格,其计算流程如图 4.14 所示。在经济性评价程序中输入方案的技术参数后,程序按图 4.14 所示流程进行计算,最后可直接在财务评价一览表中直接查看方案的财务评价指标,亦可以直接从各 Excel 表中查询相应的经济性数据。

　　经济性评价程序最后输出的财务评价指标如表 4.10 所示。通过以上的经济性指标,即可对四套方案的经济性进行比较,并为参数敏感性分析和政策研究提供基础。

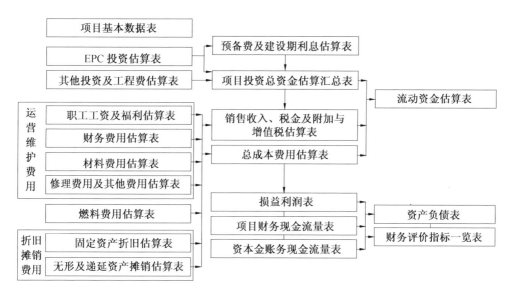

图 4.14　IGCC 财务评价流程示意图

表 4.10　新建 IGCC 电站财务评价程序的输出结果

系统参数			经济数据		
序号	名称	单位	序号	名称	单位
1	装机容量	MW	1	总投资	万元
2	年供电量	kW·h	2	比投资(装机容量)	元/kW
	财务评价指标		3	比投资(供电功率)	元/kW
1	销售利润率	%	4	发电成本	元/MW·h
2	投资利润率	%	5	固定资产投资	万元
3	财务内部收益率	%	6	营业收入(年平均)	万元
4	财务净现值	万元	7	营业税金及附加(年平均)	万元
5	投资回收期	年	8	总成本费用(年平均)	万元
6	资本金收益率	%	9	利润总额(年平均)	万元
7	利息备付率	%	10	所得税(年平均)	万元
8	偿债备付率	%	11	税后利润(年平均)	万元

4.5　本章小结

　　本章基于中国国情建立了中国 IGCC 电站经济性评价方法,主要包括:

　　(1)基于国内外的经济性评价体系和 IGCC 电站特点,自下而上地建立了一套可实现易操作的适用于中国 IGCC 电站的总资本需求概算框架。

　　(2)依据 IGCC 电站的实际情况,研究并明确了 IGCC 电站发电成本的各级费用构成及计算规范。

(3)依据项目可行性研究的经济性评价方法,结合第 3 章建立的中国 IGCC 电站主要单元投资成本预测模型,使用 MS Excel 程序依据建立的 IGCC 电站经济性评价方法编写经济性评价平台,平台实现了输入电站基本性能参数可自动输出电站的总投资、比投资、发电成本、盈亏平衡电价、净现值、内部收益率和回收期等各项财务指标。

本章建立的 IGCC 电站经济性评价方法及软件平台是后续经济性评价、敏感性研究和政策分析的工具。

第5章 基于现有技术的煤基 IGCC 捕集电站技术经济性评估

基于以上建立的单元部件热力学模型、投资成本预测模型及经济性评价平台,对基于不同气化炉的 IGCC 捕集电站进行了技术经济性分析,并与常规燃煤电站进行了对比。分析了不同煤气冷却方式、不同气化炉技术、氧气/空气气化、不同 CO_2 分离方法对电站 CO_2 捕集前后热力性能及经济性的影响。对基于输运床纯氧气化方式的 IGCC 捕集电站进行了不同 CO_2 捕集率的敏感性分析。分析了不同 CO_2 处置方式及碳税政策对电站经济性的影响。

5.1 不同煤气冷却方式下 IGCC 电站捕集 CO_2 前后性能

IGCC 系统中引入 CO_2 捕集单元后,将导致系统的输出功及效率均有所降低。其主要有三方面的原因:

(1)WGS 单元需要消耗大量的中压蒸汽,这部分蒸汽除了利用系统煤气冷却过程产生的蒸汽,主要从蒸汽循环单元抽取,将大大影响蒸汽轮机的输出功。

(2)CO_2 分离单元吸收剂再生过程需要消耗大量的能量。

(3)CO_2 压缩耗功。对采用特定 CO_2 分离过程的系统,CO_2 分离单元及压缩单元的能耗由捕集的 CO_2 量决定。提升系统的热力性能,只能从减少 WGS 单元蒸汽消耗的角度入手。进入 WGS 单元的煤气中水蒸气含量越高,从联合循环抽取的蒸汽量越少。

选择何种煤气冷却方式,将直接影响进入 WGS 单元煤气中水蒸气的含量。气化炉出口高温煤气的冷却方式主要有两种:一种是激冷方式,即直接喷水将煤气冷却;另一种方式是通过煤气余热锅炉回收煤气冷却放热产生蒸汽。其中,激冷流程可大幅提高煤气中水蒸气含量。已有的研究表明,基于激冷流程的 GEE 气化炉 IGCC 电站考虑 CO_2 捕集后,系统供电效率的降低远低于基于煤气余热锅炉流程的 Shell 气化炉电站。然而,煤气余热锅炉流程能有效利用粗煤气的高温显热。对气化炉出口煤气温度较高或流量较大的系统,直接激冷将造成这部分热量的浪费。

不同型式气化炉出口煤气的成分、流量及温度均各不相同。从系统的角度,分析不同煤气冷却方式的影响,对 CO_2 捕集条件下 IGCC 电站流程配置选择具有重要作用。本节将对基于不同型式气化炉的 IGCC 电站,分析激冷流程及煤气余热锅炉流程对捕集前后电站性能的影响。其中,基于煤气余热锅炉流程的电站,除尘单元分别采用干法及湿法除尘方式。本书中分析的各方案如表 5.1 所示。其中,基准电站(系统)及捕集电站(系统)分别指未考虑 CO_2 捕集及考虑 CO_2 捕集后的电站(系统)。CO_2 的捕集率为 90%。CO_2

捕集率的定义为:CO_2 捕集单元捕集的 CO_2 量与气化炉出口的煤气中的总碳量之比。所分析的各种类型电站均考虑为新建电站,不涉及电站的改造。以下图中"废锅"即指煤气余热锅炉。

表 5.1　分析方案汇总

		水煤浆	干煤粉	输运床纯氧	输运床空气
基准电站	激冷	BC1-1	BC2-1	BC3-1	BC4-1
	煤气余锅-湿法除尘	BC1-2	BC2-2	BC3-2	BC4-2
	煤气余锅-干法除尘	BC1-3	BC2-3	BC3-3	BC4-3
捕集电站	激冷	Case1-1	Case2-1	Case3-1	Case4-1
	煤气余锅-湿法除尘	Case1-2	Case2-2	Case3-2	Case4-2
	煤气余锅-干法除尘	Case1-3	Case2-3	Case3-3	Case4-3

5.1.1　IGCC 基准电站技术经济性

基于煤气余热锅炉冷却、干法除尘流程的水煤浆气化、干煤粉气化及输运床纯氧气化 IGCC 基准电站的流程如图 5.1 所示,输运床空气气化 IGCC 基准电站的流程如图 5.2 所示。具体流程描述为:给煤经处理后进入气化炉,与纯氧/空气和蒸汽反应生成粗煤气。气化炉出口的高温粗煤气经煤气余热锅炉回收热量后降温至约 350 ℃,同时产生 10 MPa/311 ℃ 高压饱和蒸汽。降温后的粗煤气经陶瓷过滤器除去其中的飞灰。除尘后的煤气经进一步冷却至约 38 ℃ 以满足 NHD 脱硫工艺要求。脱硫后的洁净煤气加湿后进一步预热至 276 ℃ 进入联合循环发电。基于激冷流程的系统,高温粗煤气直接进入激冷单元,激冷后煤气进入文丘里洗涤器除尘。基于煤气余热锅炉湿法除尘流程的系统,煤气余热锅炉出口的气体首先经旋风分离器预除尘,而后进入文丘里洗涤器进一步除去其中的飞灰。各流程系统中,燃气轮机均选用 GE9351FA 重型燃机,余热锅炉采用三压再热型式。对采用纯氧气化的系统,空分单元采用高压空分,空分整体化率为 50%。空分过程产生的 N_2 完全回注至燃气轮机燃烧室(如图 5.1)。对基于空气气化的系统,气化炉所需的空气 50% 自燃气轮机压气机末端抽取,经进一步压缩后输送至气化炉,50% 由单独的空压机提供(如图 5.2)。

在各系统构建及调节中均维持如下的标准:

(1)保证各燃机的输出功为 286 MWe,主要通过燃机抽气调节,仍不能满足要求时,通过调节压气机的 IGV 实现。

(2)各系统 NO_x 排放量控制在 80 mg/(N·m³)(@16% O_2) 以下,燃料加湿程度越高,系统的 NO_x 排放越少,对通过 N_2 回注和燃料加湿仍不能满足 NO_x 排放要求的系统,通过向燃烧室注蒸汽实现其 NO_x 排放要求。

(3)系统中对煤气降温过程的余热利用方式包括:产生高压蒸汽、湿煤气预热、加热湿化用水、冷凝水预热。

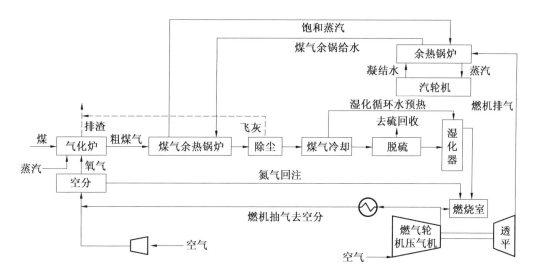

图 5.1　基于水煤浆、干煤粉及输运床纯氧气化 IGCC 基准电站流程

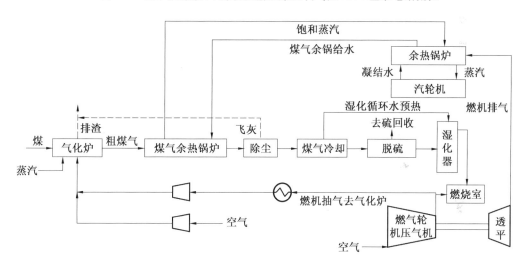

图 5.2　基于输运床空气气化 IGCC 基准电站流程

1. 水煤浆气化炉 IGCC 基准电站

对基于水煤浆气化炉的三种 IGCC 基准电站方案而言,燃料湿化及氮气回注已能够满足燃机 NO_x 排放的要求,无须再注蒸汽。各方案热力性能及经济性结果如表 5.2。

文献[60、158]对 400 MWe 级及以上的激冷流程 GEE 气化炉 IGCC 电站的研究得到的供电效率(LHV)范围为 38% ～ 41.2%,研究中得到激冷流程系统的供电效率为 39.14%,在此范围之内。采用煤气余热锅炉流程时,气化炉出口高温煤气的余热得以回收,提高了系统的供电效率。基于煤气余热锅炉湿法及干法除尘流程系统的供电效率分别为激冷流程高 3.7 及 4.5 个百分点。尽管激冷流程系统的比投资较低,但由于供电效率与煤气余热锅炉流程系统之间相差较大,激冷流程系统的发电成本略高于煤气余热锅炉流程系统。激冷流程系统的发电成本分别比煤气余热锅炉湿法及干法除尘系统高

6 元/MW·h 及 10 元/MW·h。

表 5.2　水煤浆气化炉 IGCC 基准电站热力性能

	BC1-1	BC1-2	BC1-3
IGCC 供电效率(LHV)/%	39.14	42.84	43.64
IGCC 供电功率/MWe	399.05	436.71	444.93
气化炉耗煤量/(t·h⁻¹)	172.83	172.83	172.83
燃气轮机发电功率/MWe	286.0	286.0	286.0
汽轮机发电功率/MWe	180.8	219.6	228.1
除尘后气体温度/℃	202.0	171.0	350.0
除尘后气体含湿量/%	62.9	31.8	22.2
进燃机燃料气加湿量/%	20.0	20.0	20.0
比投资/(元·kW⁻¹)	7 156	8 060	8 156
发电成本/(元·MW·h⁻¹)	458	452	448

2. 干煤粉气化炉 IGCC 基准电站

对基于干煤粉气化的 IGCC 基准电站各方案,仅通过利用煤气低温余热进行湿化时,仍不能满足 NO_x 排放的要求,均需额外注入一部分蒸汽。各基准方案的热力性能及经济性计算结果如表 5.3 所示。由表中可以看出,激冷流程系统的供电效率分别比煤气余热锅炉湿法及干法除尘流程系统低 2.7 及 3.5 个百分点。

表 5.3　干煤粉气化炉 IGCC 基准电站热力性能及经济性结果

	Base2-1	Base2-2	Base2-3
IGCC 供电效率(LHV)/%	42.86	45.52	46.32
IGCC 供电功率/MWe	380.11	405.27	412.01
气化炉耗煤量/(t·h⁻¹)	150.35	150.93	150.79
燃气轮机发电功率/MWe	286.0	286.0	286.0
汽轮机发电功率/MWe	146.0	173.0	178.3
除尘后气体温度/℃	190.0	132.0	350.0
除尘后气体含湿量/%	46.2	11.0	0.4
进燃机燃料气加湿量/%	15.0	0	7.6
比投资/(元·kW⁻¹)	7 452	8 381	8 470
发电成本/(元·MW·h⁻¹)	441	442	439

文献[60]对 400 MWe 级以上的基于煤气余热锅炉流程的 Shell 气化炉 IGCC 基准电站研究结果中供电效率的范围为 42.1% ~ 47.4%。BC2-2 及 BC2-3 的供电效率在此范

围之内。BC2-1 与 BC2-3 相比,供电效率降低了 3.5 个百分点,降低的幅度小于水煤浆气化炉 IGCC 基准电站情况。主要原因是,干煤粉气化炉 IGCC 基准电站中,煤气进入煤气余热锅炉或激冷流程的温度低于水煤浆气化炉电站。对干煤粉气化炉 IGCC 基准电站,尽管气化炉的操作温度高于水煤浆气化炉电站,而干煤粉气化炉出口的高温煤气(1 400 ℃)经低温煤气冷却后,温度降至 1 100 ℃左右。

在经济性方面,基于三种流程下系统的发电成本相近。激冷流程系统的发电成本比煤气余热锅炉湿法除尘流程系统低 1 元/MW·h,比煤气余热锅炉干法除尘流程系统高 2 元/MW·h。

3. 输运床纯氧气化 IGCC 基准电站

对输运床纯氧气化 IGCC 基准电站各方案,燃料湿化及氮气回注可满足燃机 NO_x 排放要求,无须注蒸汽。各方案热力性能及经济性结果如表 5.4 所示。由表中可以看出,激冷流程系统的供电效率分别比煤气余热锅炉湿法及干法除尘流程系统低 2.8 及 3.3 个百分点,发电成本分别高 1.4% 及 1.7%。BC3-2 与 BC3-1 相比供电效率的提高程度与文献[87]研究结果相近。在经济性方面,激冷流程系统的发电成本比煤气余热锅炉湿法及干法流程系统分别高 6 元/MW·h 及 7 元/MW·h。

表 5.4　输运床纯氧气化 IGCC 基准电站热力性能

	Base3-1	Base3-2	Base3-3
IGCC 供电效率(LHV)/%	42.13	44.90	45.46
IGCC 供电功率/MWe	379.30	404.18	409.26
气化炉耗煤量/(t·h⁻¹)	152.62	152.62	152.62
燃气轮机发电功率/MWe	286.0	286.0	286.0
汽轮机发电功率/MWe	140.6	166.6	171.8
除尘后气体温度/℃	193.0	158.0	350.0
除尘后气体含湿量/%	52.2	23.0	17.3
进燃机燃料气加湿量/%	17.0	17.0	17.0
比投资/(元·kW⁻¹)	6 441	6 867	7 038
发电成本/(元·MW·h⁻¹)	423	417	416

4. 输运床空气气化 IGCC 基准电站

对输运床空气气化 IGCC 基准电站各方案,气化炉产生的粗煤气中含有大量 N_2,起到了稀释剂的作用。煤气通过回收低温余热加湿后,即可满足燃机 NO_x 排放的要求。各系统方案热力性能及经济性计算结果如表 5.5 所示。可以看出,激冷流程的系统效率比煤气余热锅炉湿法及干法除尘流程系统分别低 4.1 及 5.6 个百分点,发电成本分别高3.1% 及 4.7%。

表 5.5 输运床空气气化 IGCC 基准电站热力性能

	Base4-1	Base4-2	Base4-3
IGCC 供电效率(LHV)/%	40.14	44.28	45.76
IGCC 供电功率/MWe	403.97	445.68	460.50
气化炉耗煤量/(t·h⁻¹)	170.62	170.62	170.62
燃气轮机发电功率/MWe	286.0	286.0	286.0
汽轮机发电功率/MWe	167.0	210.0	225.3
除尘后气体温度/℃	186.8	152.0	350.0
除尘后气体含湿量/%	47.2	19.4	8.1
进燃机燃料气加湿量/%	10.4	10.4	10.4
比投资/(元·kW⁻¹)	5 551	6 573	6 720
发电成本/(元·MW·h⁻¹)	427	414	408

文献对输运床气化炉空气气化的研究均基于煤气余热锅炉流程。BC4-3 的热力性能计算结果与文献[87]相近。由于空气气化系统气化炉出口煤气的流量较大,有大量的余热可以回收,而激冷过程使此部分热量造成了浪费。因此,激冷流程系统的供电效率与煤气余热锅炉流程系统相比的差值高于其他类型气化炉系统。也正是因为如此,激冷流程系统发电成本与煤气余热锅炉流程系统的差值也相对较大。

5.1.2 IGCC 捕集电站技术经济性分析

对 5.1.1 节所描述的各系统进行 CO₂ 捕集,即引入 WGS 单元及 NHD 法 CO₂ 分离单元。煤气经除尘后进入 WGS 单元,将其中绝大多数的 CO 通过水煤气变换反应转换为 CO₂ 和 H₂,经热量回收及冷却后,进入 NHD 单元进行脱硫及脱碳。统一各方案 CO₂ 的捕集率为 90%。为实现这一捕集率,WGS 单元 CO 的转换率需达到 97%~98%(统一为97%),CO₂ 分离单元的 CO₂ 吸收率为 92%。煤气进入 WGS 单元的温度为 230 ℃。对采用煤气余热锅炉干法除尘流程的系统,煤气除尘后降温至 230 ℃。对采用激冷流程或采用煤气余热锅炉湿法除尘流程的系统,除尘后煤气的温度均低于 230 ℃,需要先将煤气升温至 230 ℃ 后进入 WGS 单元。

1. 水煤浆气化炉 IGCC 捕集电站

水煤浆气化炉 IGCC 电站考虑 CO₂ 捕集后各方案的性能如表 5.6 所示。对激冷流程系统,由于激冷过程后煤气中已含有大量的水分(62.9%),WGS 单元无须再注入水蒸气。对采用煤气余热锅炉冷却的系统,由于湿法除尘过程使煤气中水蒸气的含量提高了 9.6个百分点,因此湿法除尘系统中 WGS 单元水蒸气量的需求量少于干法除尘系统。对激冷流程系统和煤气余热锅炉湿法除尘系统而言,除尘后煤气的温度均低于 230 ℃,需要将其加热至 230 ℃,消耗了系统一部分的能量,相应地抵消了一部分 WGS 单元的优势。激冷流程系统的供电效率比煤气余热锅炉湿法及干法除尘流程系统分别低 2.3 及 2.7 个点。发电成本比煤气余热锅炉湿法流程及干法流程系统分别高 5 元/MW·h 及 7 元/MW·h。

表 5.6　水煤浆气化炉系统 90% 捕集率时系统性能

	Case1-1	Case1-2	Case1-3
IGCC 供电效率（LHV）/%	32.67	34.99	35.38
IGCC 供电功率/MWe	362.97	388.74	393.16
气化炉耗煤量/(t·h^{-1})	188.36	188.36	188.36
燃气轮机发电功率/MWe	286.0	286.0	286.0
汽轮机发电功率/MWe	174.9	201.5	206.0
除尘后气体温度/℃	202.0	171.0	350.0
除尘后气体含湿量/%	62.9	31.8	22.2
WGS 单元需蒸汽量/(t·h^{-1})	0.0	235.7	279.3
比投资/(元·kW^{-1})	10 163	11 153	11 302
发电成本/(元·MW·h^{-1})	580	575	573
CO$_2$ 捕集成本/(元·MW·h^{-1})	138	147	152
CO$_2$ 减排成本/(元·MW·h^{-1})	169	185	193

水煤浆气化炉 IGCC 各系统考虑 CO$_2$ 捕集前后性能的比较如图 5.3～图 5.6 所示。激冷流程系统 CO$_2$ 捕集前后净输出功及供电效率的降低，比投资及发电成本的升高程度均小于煤气余热锅炉湿法及干法除尘流程系统。三种系统的供电效率分别比各自的基准系统降低了 6.4、7.8 及 8.2 个百分点，发电成本分别升高了 26.6%、27.2% 及 27.9%。

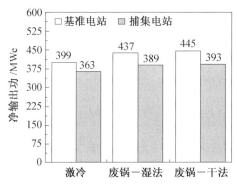

图 5.3　水煤浆气化-净输出功比较

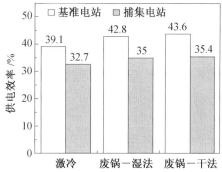

图 5.4　水煤浆气化-供电效率比较

激冷流程系统捕集前后供电效率的变化程度与文献[90、91]相近。煤气余热锅炉湿法流程 IGCC 电站 CO$_2$ 捕集前后系统效率的降低程度略大于文献[90、91]的研究。主要原因是文献[90、91]的研究中，煤气余热锅炉湿法流程捕集系统中 WGS 单元进口气体中水蒸气与 CO 的摩尔比仅为 1.46，而为了保证 WGS 单元较高的 CO 转换率，各系统进入 WGS 单元的煤气中水蒸气与 CO 的摩尔比均为 3。在经济性方面可以看到，由于 CO$_2$ 捕集后,激冷流程系统与煤气余热锅炉湿法及干法流程系统相比,效率的差值有所降低,其发电成本的差值也略有降低。

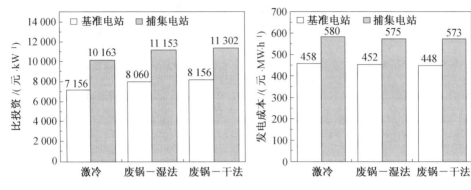

图 5.5　水煤浆气化-比投资比较　　　　图 5.6　水煤浆气化-发电成本比较

通过以上比较可以看出,对水煤浆气化 IGCC 电站,尽管 CO_2 捕集对激冷流程系统的影响最小,但是仍然是煤气余热锅炉干法除尘流程捕集系统的供电效率最高,发电成本最低。

2. 干煤粉气化炉 IGCC 捕集电站

对干煤粉气化炉 IGCC 电站,考虑 CO_2 捕集后系统的热力性能及经济性分析结果如表 5.7 所示。

表 5.7　干煤粉气化炉 IGCC 系统 90% 捕集时性能

	Case2-1	Case2-2	Case2-3
IGCC 供电效率(LHV)/%	34.79	35.95	36.11
IGCC 供电功率/MWe	349.00	360.62	362.27
气化炉耗煤量/(t·h⁻¹)	170.07	170.07	170.07
燃气轮机发电功率/MWe	286.0	286.0	286.0
汽轮机发电功率/MWe	142.3	154.3	156.0
除尘后气体温度/℃	190.0	132.0	350.0
除尘后气体含湿量/%	46.2	11.0	0.4
WGS 单元需蒸汽量/(t·h⁻¹)	177.7	356.6	381.7
比投资/(元·kW⁻¹)	11 112	12 286	12 487
发电成本/(元·MW·h⁻¹)	576	586	589
CO_2 捕集成本/(元·MW·h⁻¹)	161	178	186
CO_2 减排成本/(元·MW·h⁻¹)	204	233	246

干煤粉气化炉出口煤气中的水蒸气含量很低,采用激冷流程及湿法除尘方式,大大增加了其煤气中水蒸气的含量。激冷流程前后煤气中水蒸气含量从 0.4% 提高到 46.2%。

激冷流程系统中 WGS 单元的水蒸气需求量约为煤气余热锅炉干法除尘流程系统的 47%。对采用激冷流程和煤气余热锅炉湿法除尘流程的系统,除尘后煤气的温度均低于 230 ℃,需要将其加热。激冷流程系统的供电效率比煤气余热锅炉湿法及干法除尘流程系统分别低 1.2 及 1.3 个百分点。激冷流程系统的发电成本最低,比煤气余热锅炉湿法及煤气余热锅炉干法除尘流程分别低 1.7% 及 2.2%。

对干煤粉气化炉各系统考虑 CO_2 捕集前后的净输出功、供电效率、比投资及发电成本的比较如图 5.7~图 5.10 所示。激冷流程系统捕集前后净输出功率及供电效率的降低程度,比投资及发电成本的提高程度均远小于煤气余热锅炉湿法及干法除尘流程系统。考虑 CO_2 捕集后,三种系统的供电效率分别比各自的基准系统降低了 8.1、9.6 及 10.2 个百分点,发电成本分别增加了 30.6%、32.6% 及 34.2%。

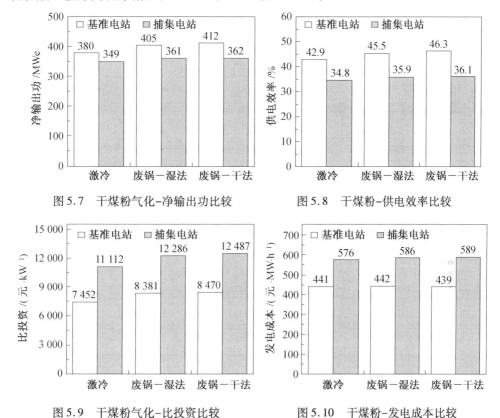

图 5.7　干煤粉气化-净输出功比较　　　　图 5.8　干煤粉-供电效率比较

图 5.9　干煤粉气化-比投资比较　　　　图 5.10　干煤粉-发电成本比较

Case2-1 及 Case2-2 与 Base2-1 及 Base2-2 相比,供电效率的降低程度与文献[92] 的研究结果相近。文献[92]分别对基于激冷流程及煤气余热锅炉湿法流程 IGCC 捕集电站的经济性进行了对比。其研究中,煤气余热锅炉流程气化炉单元的投资约为激冷流程气化炉单元投资的 1.32 倍。在此数据下得到煤气余热锅炉流程 IGCC 捕集电站的发电成本与激冷流程电站相同。Case2-2 中气化炉单元投资约为 Case2-1 中气化炉投资的 1.64 倍,由此得到 Case2-2 的发电成本低于 Case2-1 系统。Case2-3 的供电效率高于 Case2-2 系统,因此其发电成本也较低。

通过以上比较可以看出,对干煤粉气化炉 IGCC 而言,CO_2 捕集对激冷流程系统净输

出功及供电效率的影响最小,但仍然是煤气余热锅炉干法除尘流程捕集系统的供电效率
最高。从经济性角度而言,激冷流程系统的比投资及发电成本均为最低。

3. 输运床纯氧气化 IGCC 捕集电站

对输运床纯氧气化 IGCC 电站,考虑 CO_2 捕集以后系统的热力性能及经济性分析结
果如表 5.8 所示。由于激冷过程后煤气中已含有大量的水分(52.2%),激冷流程的系统
中 WGS 单元的水蒸气需求量远小于煤气余热锅炉湿法及干法除尘流程系统。激冷流程
系统的供电效率比煤气余热锅炉湿法及干法除尘流程系统分别低 0.9 及 1.4 个百分点。
三种系统的发电成本相近,煤气余热锅炉干法除尘流程系统略低。

表 5.8　输运床纯氧气化炉 IGCC 系统 90% 捕集时性能

	Case3−1	Case3−2	Case3−3
IGCC 供电效率(LHV)/%	36.11	37.04	37.49
IGCC 供电功率/MWe	346.00	354.91	359.18
气化炉耗煤量/($t \cdot h^{-1}$)	162.41	162.41	162.41
燃气轮机发电功率/MWe	286.0	286.0	286.0
汽轮机发电功率/MWe	133.5	142.7	147.1
除尘后气体温度/℃	193.0	158.0	350.0
除尘后气体含湿量/%	52.2	23.0	17.3
WGS 单元需蒸汽量/($t \cdot h^{-1}$)	16.2	190.5	212.0
比投资/($元 \cdot kW^{-1}$)	9 180	9 645	9 809
发电成本/($元 \cdot MW \cdot h^{-1}$)	531.7	531.4	530.8
CO_2 捕集成本/($元 \cdot MW \cdot h^{-1}$)	137	148.1	149.4
CO_2 减排成本/($元 \cdot MW \cdot h^{-1}$)	163	183.8	185.5

输运床纯氧气化各系统考虑 CO_2 捕集前后的净输出功、供电效率、比投资及发电成
本的比较如图 5.11 ~ 图 5.14 所示。同样看到,激冷流程系统捕集前后的净输出功及供
电效率的降低程度,比投资及发电成本的升高程度均小于煤气余热锅炉湿法及干法除尘
流程系统。考虑 CO_2 捕集后,三种流程系统的供电效率分别比各自的基准系统降低了 6、
7.9 及 8.0 个百分点。由于激冷流程系统捕集前后供电效率的降低小于废锅流程系统,
激冷流程系统发电成本的升高程度也相对较小。三种系统发电成本分别比各自的基准系
统升高了 25.7%、27.4% 及 27.6%。这也是造成煤气余热锅炉干法流程系统捕集后发电
成本的优势不如捕集前明显的主要原因。

通过以上的比较可以看出,对输运床纯氧气化 IGCC 系统而言,同样是 CO_2 捕集对激
冷流程系统的净输出功及供电效率的影响最小,煤气余热锅炉干法除尘流程捕集系统的
供电效率最高。从经济性角度而言,三种流程系统的发电成本相近,其中激冷流程系统的
发电成本略高,煤气余热锅炉干法除尘流程系统的发电成本最低。

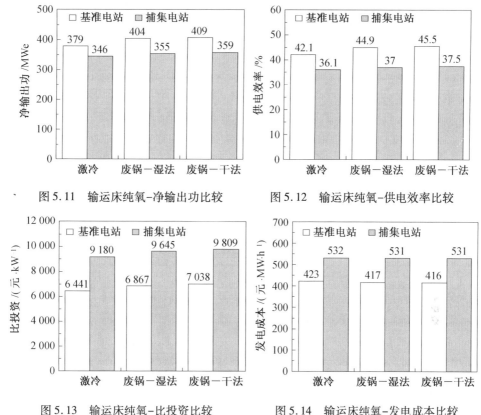

图 5.11　输运床纯氧-净输出功比较　　　　图 5.12　输运床纯氧-供电效率比较

图 5.13　输运床纯氧-比投资比较　　　　图 5.14　输运床纯氧-发电成本比较

4. 输运床空气气化 IGCC 捕集电站

　　对输运床空气气化 IGCC 电站,考虑 CO_2 捕集以后系统的性能如表 5.9 所示。由于激冷过程后煤气中已含有的水分已可以满足 WGS 变换的要求,激冷流程系统中 WGS 单元无须再注入水蒸气。煤气余热锅炉湿法除尘流程系统除尘后煤气中水蒸气的含量比干法除尘流程系统高 11.3 个百分点,因此 WGS 单元需要的蒸汽量也比干法除尘流程系统少 15.6%。激冷流程系统的供电效率比煤气余热锅炉湿法及干法除尘流程分别低 3.3 及 3.8 个点,发电成本分别高 3.8% 及 4.1%。

　　输运床空气气化 IGCC 各系统考虑 CO_2 捕集前后的净输出功、供电效率、比投资及发电成本的比较如图 5.15 ~ 图 5.18 所示。由图中可以看出,同样是激冷流程系统捕集前后的净输出功率及供电效率的降低程度均小于煤气余热锅炉湿法及干法除尘流程系统。三种系统的供电效率分别较各自的基准系统降低了 7.0、7.8 及 8.8 个百分点。从经济性角度而言,三种系统的发电成本分别较各自的基准系统升高了 28.1%、27.3% 及 28.8%。

　　通过比较可以看出,对输运床空气气化 IGCC 而言,CO_2 捕集对激冷流程系统的净输出功及供电效率的影响略小于煤气余热锅炉湿法及干法除尘流程系统,其优势不及其他类型气化炉系统明显。主要原因是采用空气气化的气化炉出口气体流量较大,温度较高,含有大量的热量,采用激冷冷却时,此部分热量未被利用。虽然激冷流程对 WGS 单元有利,但并不足以弥补激冷过程带来的热量损失。基于空气气化的输运床气化炉 IGCC 捕集电站,仍然是采用煤气余热锅炉干法除尘流程时系统的供电效率最高,发电成本最低。

表 5.9　输运床空气气化炉 IGCC90%捕集率系统性能

	Case4-1	Case4-2	Case4-3
IGCC 供电效率(LHV)/%	33.13	36.45	36.92
IGCC 供电功率/MWe	362.49	398.88	404.01
气化炉耗煤量/(t·h⁻¹)	185.50	185.50	185.50
燃气轮机发电功率/MWe	286.0	286.0	286.0
汽轮机发电功率/MWe	160.2	197.7	203.0
除尘后气体温度/℃	186.8	152.0	350.0
除尘后气体含湿量/%	47.2	19.4	8.1
WGS 单元需蒸汽量/(t·h⁻¹)	0.0	235.7	279.3
比投资/(元·kW⁻¹)	8 703	9 406	9 548
发电成本/(元·MW·h⁻¹)	547	527	525
CO₂ 捕集成本/(元·MW·h⁻¹)	139	144	151
CO₂ 减排成本/(元·MW·h⁻¹)	173	179	193

表中数学公式说明: CO_2 捕集成本、CO_2 减排成本。

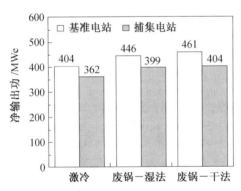

图 5.15　输运床空气-净输出功比较

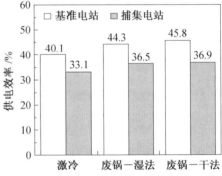

图 5.16　输运床空气-供电效率比较

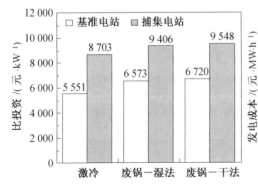

图 5.17　输运床空气-比投资比较

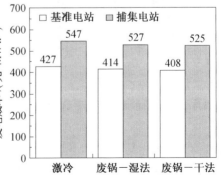

图 5.18　输运床空气-发电成本比较

5.1.3　煤气冷却单元投资影响

文献[92]中提到,煤气余热锅炉的投资将会影响不同煤气冷却方式系统的比较结果。在经济性分析中,通常煤气冷却过程的投资计入在气化炉单元投资之内。本书亦将其计入在气化炉单元之内,分析分别基于煤气余热锅炉干法除尘流程及激冷流程气化炉单元投资比的变化对系统发电成本的影响。其中,水煤浆及输运床纯氧气化系统以激冷流程气化炉单元投资为基准,干煤粉及输运床空气气化系统以煤气余热锅炉干法除尘流程气化炉单元投资为基准。采用建立的投资模型得到的基于不同煤气冷却流程的气化炉单元投资如表5.10所示。不同煤气冷却流程气化炉单元投资比对各气化炉系统发电成本的影响如图5.19所示。

表 5.10　不同流程气化炉单元投资

	水煤浆		干煤粉		输运床纯氧		输运床空气	
	BC	方案	BC	方案	BC	方案	BC	方案
激冷	24 960	26 103	41 312	55 850	17 978	18 478	18 643	18 868
煤气余锅干法除尘	61 389	64 893	74 554	91 853	35 314	35 660	50 843	51 458
煤气余锅干法/激冷	2.46	2.49	1.80	1.64	1.96	1.93	2.73	2.73

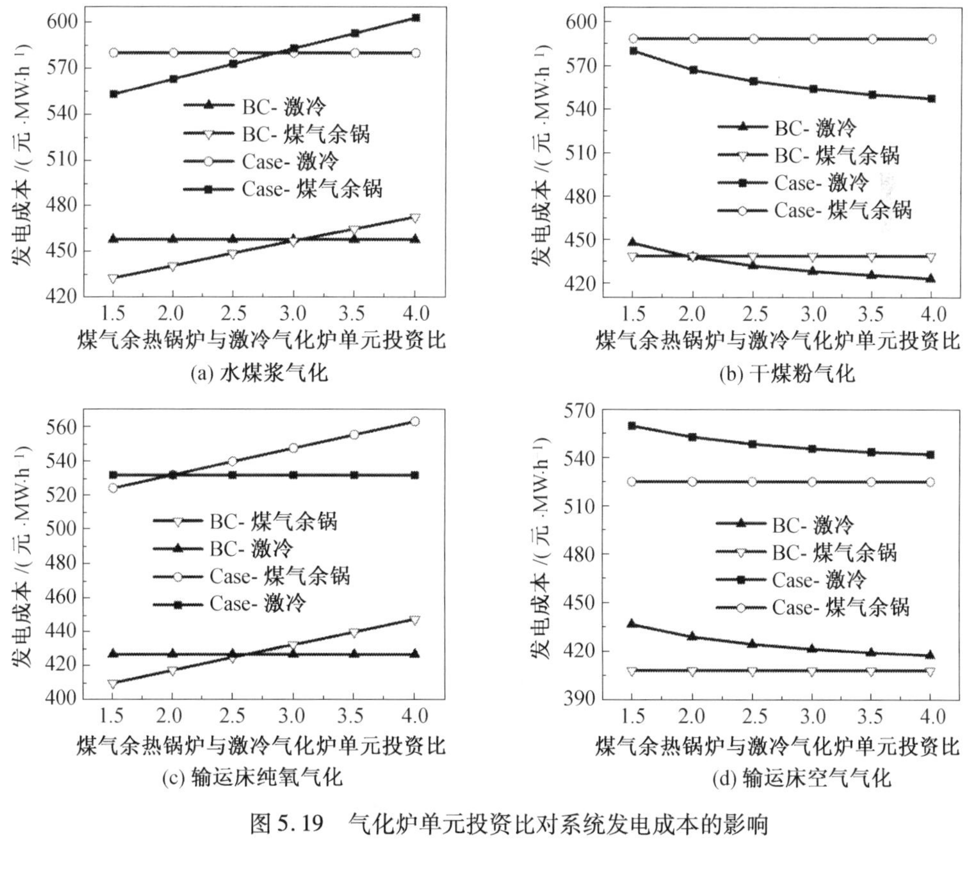

图 5.19　气化炉单元投资比对系统发电成本的影响

由图 5.19 可以看出,对水煤浆气化 IGCC 基准电站而言,煤气余热锅炉干法除尘流程与激冷流程气化炉单元投资比低于临界值 3.1 时,煤气余热锅炉干法除尘流程电站的发电成本即低于激冷流程电站。水煤浆气化炉 IGCC 捕集电站的临界投资比为 2.9。输运床纯氧气化炉 IGCC 电站的变化规律与水煤浆气化电站类型,基准电站和捕集电站下,煤气余热锅炉流程系统的发电成本低于激冷流程系统时气化炉单元的临界投资比分别为 2.6 及 2.0。对干煤粉气化 IGCC 基准电站,激冷流程气化炉单元投资低于煤气余热锅炉流程气化炉单元投资的 1/2 时,激冷流程的发电成本即低于煤气余热锅炉流程系统。而对干煤粉气化 IGCC 捕集电站,激冷流程气化炉单元的投资低于煤气余热锅炉流程气化炉单元投资的 6/7 时,激冷流程系统的发电成本即低于煤气余热锅炉流程系统。对输运床空气气化 IGCC 基准电站及捕集电站,煤气余热锅炉与激冷流程气化单元投资比在 1.5~4 变化时,煤气余热锅炉流程系统的发电成本均低于激冷流程系统。这一结果表明,对输运床气化 IGCC 电站,无论是否考虑 CO_2 的捕集,均应采用煤气余热锅炉流程对煤气进行冷却。

5.2　不同气化技术 IGCC 捕集电站性能比较

本节将考虑不同气化技术对 IGCC 捕集电站热力性能及经济性的影响。比较中,各系统均采用煤气余热锅炉冷却,干法除尘流程。捕集电站的 CO_2 捕集率均为 90%。

5.2.1　不同气化炉系统比较

通过 5.1 节对基于不同煤气冷却方式的不同型式气化炉 IGCC 电站技术经济性分析的结果可以看出,水煤浆气化激冷流程 IGCC 捕集电站的供电效率比干煤粉气化煤气余热锅炉流程 IGCC 捕集电站低 3.4 个百分点,比投资及发电成本分别低 21.8% 及 1.5%,这与国内外绝大多数的研究结果一致。而对水煤浆气化炉 IGCC 捕集电站,仍然是采用煤气余热锅炉干法除尘流程系统的供电效率更好,发电成本更低。

同样采用煤气余热锅炉干法除尘流程,不同气化炉系统的供电效率、发电成本、CO_2 捕集成本及减排成本的对比如图 5.20~图 5.22 所示。

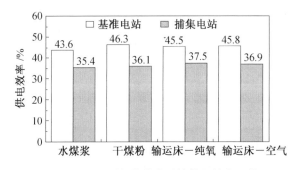

图 5.20　不同气化技术系统供电效率比较

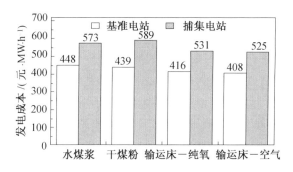

图 5.21　不同气化技术系统发电成本比较

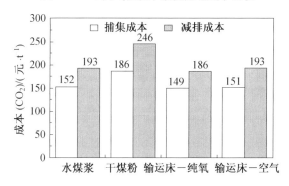

图 5.22　不同气化技术系统 CO_2 捕集及减排成本比较

可见,考虑 CO_2 捕集前,干煤粉气化炉系统的供电效率最高,输运床空气气化系统的发电成本最低。考虑 CO_2 捕集后,输运床纯氧气化捕集系统的供电效率最高,而输运床空气气化捕集系统的发电成本最低,输运床纯氧气化系统的 CO_2 捕集成本及减排成本最低。从 CO_2 捕集的角度而言,输运床气化技术更适合于 CO_2 的捕集。

5.2.2　输运床空气气化及纯氧气化系统比较

由图 5.20 及图 5.21 可以看出,对分别采用纯氧及空气气化的输运床气化炉 IGCC 系统,考虑 CO_2 捕集前,空气气化系统的供电效率较高,发电成本较低。考虑 CO_2 捕集后,纯氧气化系统的供电效率则比空气气化系统高 0.6 个百分点。美国南方公司对基于输运床纯氧及空气气化 IGCC 系统考虑 CO_2 捕集前后性能变化的研究表明,考虑 CO_2 捕集前后,空气气化系统的热力性能及经济性均优于纯氧气化系统。南方公司的结论与本研究结果有所差异。在其研究中,CO_2 分离单元采用的是 MDEA 法。为了找出其中的原因,本书也对采用 MDEA 法进行 CO_2 捕集的输运床气化炉 IGCC 捕集系统进行了研究。分别基于 NHD 法及 MDEA 法分离 CO_2 的输运床气化炉 IGCC 捕集电站的热力性能及经济性的分析结果如表 5.11 所示。

通过比较可以看出,采用 MDEA 法分离 CO_2 时,输运床空气气化系统的供电效率比纯氧气化系统高约 0.9 个百分点,发电成本低 14 元/MW·h,其热力性能及经济性均好于纯氧气化系统,得到了与南方公司一致的结论。由表 5.11 可以看出,采用 MDEA 法分离 CO_2 时,输运床纯氧及空气气化 IGCC 捕集系统的供电效率较各自的基准系统分别降低了 11.12 及 10.55 个百分点,空气气化系统的变化程度较小。主要是因为空气气化系统气体流量较大,煤气冷却过程中有更多的热量可以回收,用于产生中压蒸汽供给 WGS 单元,相对减少了对蒸汽循环抽气的依赖。而采用 NHD 法分离 CO_2 时,纯氧及空气气化捕集系统的供电效率较各自的基准系统分别降低了 7.97 及 8.83 个百分点,空气气化系统的变化程度则大于纯氧气化系统,空气气化系统的优势不复存在。产生这种现象的主要原因是,入口气体中 CO_2 的浓度变化对 MDEA 法及 NHD 法分离 CO_2 过程的吸收剂流量及过程能耗的影响不同。本书第 2 章 2.4.3 小节对 NHD 法及 MDEA 法的比较及敏感性分析的结果表明,在相同的 CO_2 吸收率下,与 MDEA 法相比,NHD 法分离 CO_2 过程的吸收剂流量及过程能耗受 CO_2 浓度变化的影响比 MDEA 法更为明显,如图 2.11 及图 2.12 所示。尽管空气气化系统在减少抽气方面有一定优势,但由于煤气中 CO_2 浓度较低,空气气化系统中 NHD 脱碳过程的能耗远大于纯氧气化系统。因此,采用 NHD 法捕集 CO_2 时,纯氧气化系统的供电效率更高。然而从 CO_2 分离方法选择的角度来看,无论对采用纯氧气化还是空气气化的系统,采用 NHD 法分离 CO_2 对系统的热力性能及经济性的影响均小于采用 MDEA 法。

表 5.11　分别采用 MDEA 及 NHD 法捕集 CO_2 的输运床气化炉 IGCC 捕集电站性能

CO₂ 捕集方式	输运床氧气气化			输运床空气气化		
	Ref	NHD	MDEA	Ref	NHD	MDEA
CO₂ 捕集率/%	—	90	90	—	90	90
供电效率(LHV)/%	45.46	37.49	34.34	45.76	36.92	35.21
供发电功率/MWe	409.26	359.18	330.38	460.50	404.01	380.59
气化炉耗煤量/(t·h⁻¹)	152.62	162.41	160.285	170.62	185.50	183.22
燃气轮机发电功率/MWe	286.0	286.0	286.0	286.0	286.0	286.0
汽轮机发电功率/MWe	171.8	147.1	131.40	225.3	203.0	179.46
比投资/(元·kW⁻¹)	7 083	9 809	9 881	6 720	9 548	9 430
发电成本/(元·MW·h⁻¹)	416	531	551	408	525	537

5.3　不同捕集率系统热力性能及经济性比较

本小节将针对输运床纯氧气化炉 IGCC 系统进行不同 CO_2 捕集率影响的研究,分析 30% ~92% 不同捕集率下系统 CO_2 减排能耗、输出功、效率、能量惩罚(Energy Penalty,EP)、比投资、发电成本、CO_2 捕集成本及减排成本等的变化。其中,EP 的定义为,基准电站与捕集电站供电效率的差值与基准电站的供电效率之比。

5.3.1　系统不同捕集率的实现方式

在 5.1 及 5.2 节的研究中,WGS 单元 CO 的转换率为 97% ,CO_2 分离单元的 CO_2 吸收率达到 92% 时,系统 CO_2 捕集率则可达 90% ,在本节的研究中,保持 WGS 单元的 CO 转化率不变,90% 及以上捕集率的实现通过调节 CO_2 分离单元的 CO_2 吸收率实现。

对于较低(低于90%)捕集率,可以通过减少 CO 的变换量或者减少 NHD 单元 CO_2 的捕集量实现。前者可以在 WGS 前将煤气分流一部分,或者减少用于 CO 转换的水蒸气的量从而降低 CO 的变换程度。后者可以通过降低塔的尺寸,减少吸收剂循环流量,或者在煤气进入 CO_2 捕集单元前分流一部分实现。本书采用煤气部分分流的方式。煤气在进入 WGS 单元前分流,一部分进入 WGS 单元进行耐硫转换,另一部分进入单独的 COS 水解单元进行水解,而后两部分气体混合同时进入脱硫及脱碳单元,如图 5.23 所示。脱碳单元的 CO_2 吸收率为92%。通过调整分流气的流量,即可实现不同的捕集率。

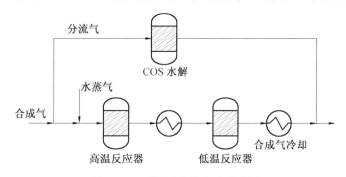

图 5.23　不同捕集率实现示意图

5.3.2　不同捕集率系统的热力性能分析

本小节将分析不同捕集率下 CO_2 的减排能耗、系统的输出功及供电效率的变化。

1. CO_2 减排能耗变化

捕集电站与基准电站相比,减少的 CO_2 排放量有两种定义,分别是 CO_2 捕集量及 CO_2 减排量。两种定义的区别如图 5.24 所示。其中 CO_2 的捕集量是指为了达到一定的 CO_2 排放标准,捕集电站所捕集的 CO_2 量; CO_2 减排量指捕集电站与基准电站相比,少排放的 CO_2 量。 CO_2 捕集量大于减排量,增加的部分是为了提供 CO_2 分离过程的能耗而增加的燃料产生的 CO_2。不同捕集率系统的 CO_2 排放量、CO_2 捕集量及减排量变化分别如图 5.25 和图 5.26 所示。

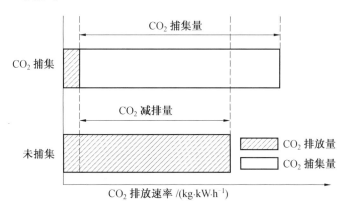

图 5.24　CO_2 捕集量与 CO_2 减排量示意图

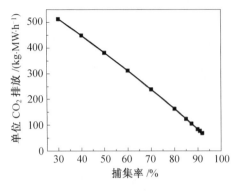

图 5.25　不同捕集率下系统 CO_2 排放

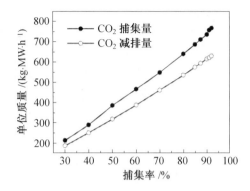

图 5.26　不同捕集率下 CO_2 捕集量及减排量

图 5.27 和图 5.28 给出了不同 CO_2 捕集率下,减排单位 CO_2 的能耗及煤耗的变化。从图中可以看出,随着系统 CO_2 捕集率的增加,减排单位 CO_2 的能耗及煤耗均呈增加趋势,在捕集率超过 87% 时,能耗及煤耗的增加更加明显。

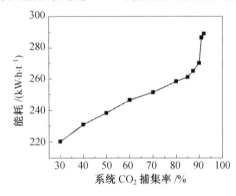

图 5.27　不同捕集率下 CO_2 减排能耗

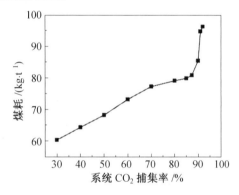

图 5.28　不同捕集率下 CO_2 减排煤耗

2. 系统输出功率及净效率变化

不同 CO_2 捕集率下系统的净输出功的变化如图 5.29 所示,随着捕集率的增加,系统的净输出功减少,在捕集率超过 87% 时,系统净输出功的减少尤为明显。

图 5.30 给出了不同 CO_2 捕集率下系统的供电效率及 EP 的变化。由图中可以看出,系统的供电效率随着 CO_2 捕集率的增加而降低,在捕集率超过 90% 时,系统供电效率的降低尤为明显。在 CO_2 的捕集率为 30% 时,EP 约为 4%,CO_2 的捕集率为 90% 时,EP 约为 17%。

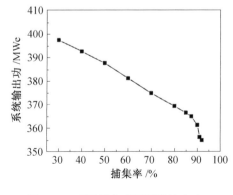

图 5.29　不同捕集率下系统输出功

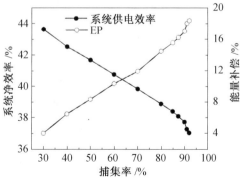

图 5.30　不同捕集率下系统供电效率

5.3.3 不同捕集率系统的经济性分析

本小节将分析系统在不同的 CO_2 捕集率下，CO_2 的捕集成本及减排成本的变化、系统的比投资及发电成本的变化。

1. CO_2 捕集成本及 CO_2 减排成本

CO_2 捕集的引入造成的成本有 CO_2 的捕集成本和 CO_2 的减排成本两种定义，两种成本的定义如下：

$$CO_2\text{ 捕集成本} = \frac{(COE_{捕集} - COE_{不捕集})\text{元}/(MW \cdot h)}{(CO_2\text{ 捕集量})t/(MW \cdot h)} \quad (5.1)$$

$$CO_2\text{ 减排成本} = \frac{(COE_{捕集} - COE_{不捕集})\text{元}/(MW \cdot h)}{(CO_2\text{ 排放量}_{不捕集} - CO_2\text{ 排放量}_{捕集})t/(MW \cdot h)} \quad (5.2)$$

由于 CO_2 减排量小于 CO_2 捕集量，因此 CO_2 的减排成本大于 CO_2 的捕集成本，如图 5.31 所示。随着 CO_2 捕集率的增加，CO_2 的捕集成本及减排成本先减少后增加，在系统的 CO_2 的捕集率在 87% 左右时，CO_2 的捕集成本与减排成本达到最低。此时，CO_2 的捕集成本为 138 元/t，减排成本约为 165 元/t。在 CO_2 的捕集率超过 90% 时，CO_2 的捕集成本及减排成本增加明显。

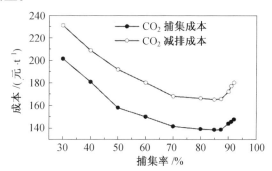

图 5.31　不同捕集率下 CO_2 捕集成本及减排成本变化

2. 系统比投资及发电成本

不同捕集率下系统的比投资及发电成本的变化如图 5.32 和图 5.33 所示。由图中可以看出，系统的比投资及发电成本均随着 CO_2 捕集率的升高而升高，在 CO_2 的捕集率大于 87% 时，变化尤为明显。捕集电站的比投资及发电成本与未捕集电站相比增加的比例如图 5.34 和图 5.35 所示。

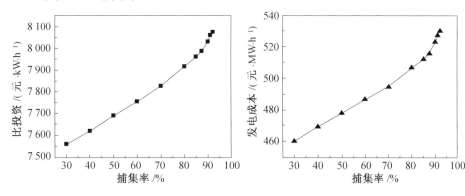

图 5.32　不同捕集率下比投资变化　　　图 5.33　不同捕集率下发电成本变化

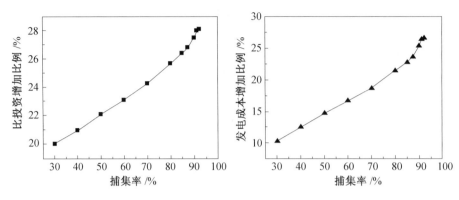

图 5.34　不同捕集率下比投资增加比例　　图 5.35　不同捕集率下发电成本增加比例

5.4　不同煤基 CO_2 捕集电站经济性评价

本节将对 IGCC 及 PC 捕集电站的性能进行比较,并进行关键经济性参数及政策的敏感性分析。

5.4.1　IGCC 捕集电站与 PC 捕集电站的比较

本小节首先对 IGCC 及 PC 电站 CO_2 捕集前后热力性能及经济性的变化进行比较。其中,考虑到目前国内常规燃煤电站以 600 MWe 超临界燃煤电站机组为代表,PC 电站选取 600 MWe 超临界机组。

1. PC 基准电站及捕集电站性能

用于比较的 600 MWe 超临界燃煤电站机组的蒸汽参数为 24.2 MPa/566 ℃/566 ℃,烟气采用 SNCR 脱硝,FGD 脱硫的方式。PC 基准电站的系统流程如图 5.36 所示。

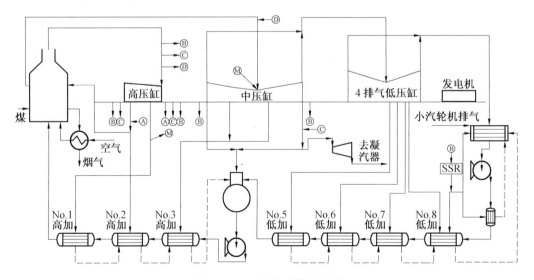

图 5.36　PC 电站系统流程图

考虑 CO_2 捕集时,电站的尾气经降温后,进入 MEA 单元脱除其中的 CO_2。MEA 溶液再生热耗由自低压透平抽取的低压蒸汽提供,保证 PC 捕集电站的净输出功仍为 600 MWe,MEA 法脱碳过程的能耗体现在系统供煤量的增加上。PC 捕集电站的 CO_2 捕集率同样为 90%。

PC 基准电站及捕集电站的热力性能及经济性计算结果如表 5.12 所示。可见,考虑 CO_2 捕集后,PC 电站的供电效率降低了 11.77 个百分点,单位供电煤耗增加了 40%。

表 5.12　PC 电站性能

	PC 基准电站	PC 捕集电站
总发电量/MWe	634	721.2
厂用电率/%	5.3	16.8
净发电量/MW	600	600
耗煤量/$(t \cdot h^{-1})$	240.69	333.60
供电煤耗/$(kg \cdot MW \cdot h^{-1})$	410.87	574.85
供电效率(LHV)/%	42.26	30.49
CO_2 排放量/$(kg \cdot MW \cdot h^{-1})$	854.94	119.62
比投资/$(元 \cdot kW^{-1})$	3878	6961
发电成本/$(元 \cdot MW \cdot h^{-1})$	287	496
CO_2 捕集成本/$(元 \cdot t^{-1})$	—	194
CO_2 减排成本/$(元 \cdot t^{-1})$	—	284

在经济学计算方面,经济性计算中的各单元投资数据、运行维护等相关费用选取均参考火电厂工程限额设计参考造价指标(2009 年水平),其中年运行时间设定为 6 000 h。文献[159]中国产 2×600 MWe 的新建超临界机组的比投资为 3 899 元/kW·h,本书的计算结果为 3 878 万元/kW·h,与文献结果相近。文献[159]中,年运行 5 000 h 时,得到的含税上网电价为 371 元/MW·h。按照文献数据对其上网电价进行运行小时的敏感性分析,年运行 6 000 h 时,其含税上网电价约为 346 元/MW·h。本书得到的年运行 6 000 h 时的发电成本为 287 元/MW·h,含税上网电价为 343 元/MW·h,与文献[159]结果相近。

对捕集电站的经济性,投资成本的增加分为两部分分别计算:一部分是 MEA 单元及 CO_2 压缩单元的引入增加的投资,此部分投资通过投资成本预测模型进行估算;另一部分是原有电站规模的扩大增加的投资,此部分投资是在基准电站投资的基础上,根据发电量增加的比例进行折算。考虑 CO_2 捕集后的运行维护费用增加了 MEA 溶剂的损耗造成的费用。MEA 溶液年运行损耗为 MEA 初次投入量的 40%。通过经济性分析得到,考虑 CO_2 捕集后,PC 电站的比投资为 6 961 元/MW·h,发电成本为 496 元/MW·h,分别比捕集前增加了 79.5% 及 72.8%。此部分中捕集后电站的发电成本不包含 CO_2 运输及封存的成本。

文献[1]总结的相关研究中,超临界燃煤电站 CO_2 捕集前后比投资及发电成本的增加比例范围分别为 44% ~ 82% 及 42% ~ 81%。本研究结果亦在此范围之内。NETL2010年报告中,超临界燃煤电站 CO_2 捕集前后的比投资增加了 76%,发电成本增加了 71%。可见,PC 电站比投资及发电成本的增加比例与 NETL 的研究结果相近。PC 捕集电站的 CO_2 捕集成本及减排成本分别为 194 元/t 及 284 元/t。

2. IGCC 与 PC 电站的比较

在本节的比较中,IGCC 电站选取的是基于煤气余热锅炉干法除尘流程的输运床纯氧 IGCC 电站作为比较基准。在分析的各类型气化炉中,输运床纯氧气化 IGCC 捕集电站的供电效率最高。

CO_2 捕集前后 IGCC 及 PC 电站的热力性能及经济性比较如图 5.37 ~ 图 5.40 所示。由图中可以看出,考虑 CO_2 捕集前后,IGCC 电站供电效率的降低、发电成本及比投资的增加幅度均高于 PC 电站。CO_2 捕集对 IGCC 电站的影响较小,IGCC 捕集电站的 CO_2 捕集成本及减排成本均远低于 PC 捕集电站,这与国外的研究结果一致。而从捕集后电站的经济性来看,考虑 CO_2 捕集后,IGCC 捕集电站的发电成本比 PC 捕集电站高 7%。结果表明,基于现阶段的技术水平,我国 PC 捕集电站的经济性好于 IGCC 捕集电站。这与国外多数的研究结论有所差异。

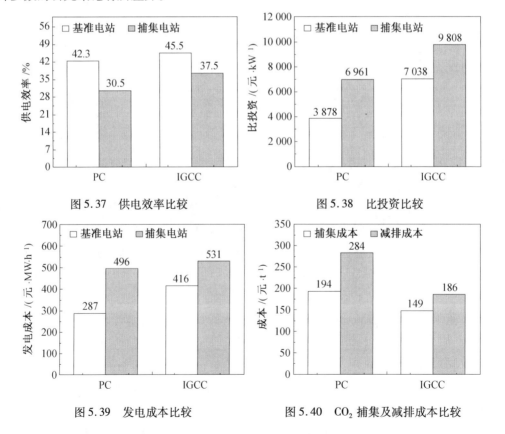

图 5.37　供电效率比较　　　　　　　图 5.38　比投资比较

图 5.39　发电成本比较　　　　　　　图 5.40　CO_2 捕集及减排成本比较

　　下面通过对本研究与其他研究进行对比,分析产生以上差异的原因。与国外的研究相比,产生差异的主要原因是国内外电站投资水平的不同。以 NETL2010 年的研究为例,在其研究中,考虑 CO_2 捕集前,GEE 气化炉 IGCC 基准电站及超临界 PC 基准电站的比投资分别为 2 447 美元/kW 及 2 024 美元/kW,发电成本分别为 76.28 mills/kW·h 及58.91 mills/kW·h。国外 IGCC 基准电站的比投资及发电成本分别比 PC 基准电站高20.9% 及 29.5%。根据计算,国内 IGCC 基准电站的比投资比 PC 基准电站高 79.5%,发电成本比 PC 基准电站高 44.9%。国内 IGCC 基准电站与 PC 基准电站比投资及发电成本的差异远远大于国外。计算得到的 IGCC 及 PC 电站考虑 CO_2 捕集后比投资及发电成本的增加比例与 NETL 的研究结果相近。在基数相差较大的情况下,尽管 IGCC 电站捕集前后比投资及发电成本的变化比例均远小于 PC 电站,但得到 IGCC 捕集电站的比投资及发电成本仍高于 PC 电站。

　　国内文献[160]也对 IGCC 及 PC 捕集电站考虑 CO_2 捕集前后的技术经济性进行了比较。文献[160]的研究与本研究的比较如表 5.13 所示。由于电站规模不同,以及不同年份下电站的造价不同,从绝对值来看,文献[160]中 PC 及 IGCC 基准电站的比投资均高于本研究。另外,文献[160]的研究中选取的年运行时间高于本研究,且 2003 年煤价水平低于本研究,加之不同年份下的原材料成本、财务成本等不同,其研究中 PC 及 IGCC 基准电站的发电成本低于本研究。考虑 CO_2 捕集时,在文献[160]研究中,MEA 单元的投资参考国外文献中某 MEA 胺洗分离厂的投资并通过规模缩放指数及地区因子进行修正,得到 PC 捕集电站的比投资远高于本研究的结果。本研究对 MEA 单元的投资是通过建立的投资成本预测模型进行估算。鉴于以上各方面的不同,文献的研究中 PC 电站 CO_2 捕集前后供电效率的降低程度、比投资及发电成本的升高程度均高于本研究结果,也高于国内外其他相关研究结果。文献[160]对 IGCC 电站的研究,供电效率的降低程度、比投资及发电成本的升高程度则与本研究结果及国内外其他相关研究结果相近。由此,文献[160]得到的结论是 PC 捕集电站的发电成本高于 IGCC 捕集电站,与本研究结论不同。若在文献[160]中 PC 基准电站发电成本 0.22 元/kW·h 的基础上,假设 CO_2 捕集后发电成本增加了 81%(文献研究结果的最大值),则 PC 捕集电站的发电成本为 0.398 元/kW·h,亦低于 IGCC 捕集电站的发电成本。或者,在本研究中 PC 基准电站发电成本287 元/MW·h 的基础上,假设 CO_2 捕集后发电成本增加了 118%(文献[160]研究结果),则 PC 捕集电站的发电成本为 626 元/MW·h,亦高于 IGCC 捕集电站的发电成本。可见,本研究与文献[160]的研究结论不同的原因包括分析年份不同、电站类型及规模选取不同、投资数据的获得及设定不同、电站运行时间等经济性相关参数的设定不同等。

　　对 IGCC 电站及超临界 PC 电站的比较得到,现阶段下 IGCC 捕集电站的发电成本仍高于 PC 捕集电站的结论。相对于较为成熟的 PC 电站,国内 IGCC 电站尚处于发展初期,且部分关键技术尚需要从国外引进。对 IGCC 电站经济性分析中主要设备投资预备费等的设定相对保守。随着国内 IGCC 电站关键技术的发展及成熟,IGCC 电站的投资将进一步降低。IGCC 电站在 CO_2 减排成本上较 PC 电站具有较大优势,IGCC 捕集电站的发电成本也具有进一步降低的巨大潜力。

表 5.13　文献研究与本研究的对比

	文献研究		本研究		
	PC	IGCC	PC	IGCC	IGCC
分析年份	2003	2003	2009	2009	2009
运行时间/h	7 446	7 446	6 000	6 000	6 000
煤价/(元·t^{-1})	200	200	686	686	686
电站规模等级/MWe	400	600	600	400	400
电站类型/气化炉类型	超临界	Shell	超临界	输运床	干煤粉
CO_2 捕集率/%	90	90	90	90	90
基准电站供电效率/%	41.56	52.49	41.26	45.46	46.32
捕集电站供电效率/%	28.29	42.6	29.49	37.49	36.11
捕集前后供电效率降低百分点	13.27	9.89	11.77	7.97	10.21
基准电站比投资/(元·kW·h^{-1})	4 956	8 813	3 878	6 961	8 470
捕集电站比投资/(元·kW·h^{-1})	11 721	11 985	7 038	9 808	12 487
捕集前后比投资增加比例/%	136.50	35.99	81.49	40.90	47.43
基准电站发电成本/(元·MW·h^{-1})	220	300	287	416	439
捕集电站发电成本/(元·MW·h^{-1})	480	430	496	531	589
捕集前后发电成本增加比例/%	118.18	43.33	72.82	27.64	34.17

5.4.2　IGCC 捕集电站关键因素敏感性分析

在经济性评价过程中,不同的相关假定会直接影响项目的经济性,本节将对基于四种气化方式的煤气余热锅炉流程 90% 捕集 IGCC 捕集电站进行关键因素的变化进行敏感性分析。考虑的关键因素包括电厂的投资、年运行小时、煤价,对三种因素分别进行了单因素敏感性分析,如图 5.41 ~ 图 5.44 所示。

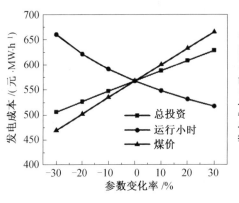

图 5.41　水煤浆 IGCC 捕集电站

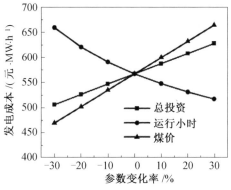

图 5.42　干煤粉 IGCC 捕集电站

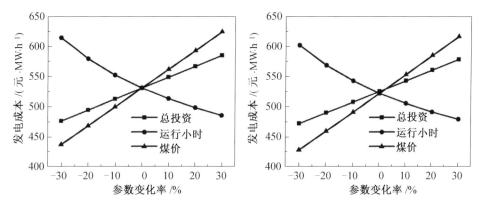

图 5.43　输运床纯氧 IGCC 捕集电站　　　　图 5.44　输运床空气 IGCC 捕集电站

由图中可以看出,发电成本对煤价的变化最为敏感,运行时间及总投资对发电成本的影响相对缓和。在相同煤价及运行时间下,对 IGCC 捕集电站而言,降低投资是降低发电成本的主要途径。以表 5.12 中 PC 捕集电站的经济性为基准,输运床空气气化、输运床纯氧气化、水煤浆气化及干煤粉气化 IGCC 捕集电站的总投资分别减少约 17%、19%、35% 及 38% 时,各电站发电成本可达到与 PC 捕集电站相同的水平,如图 5.45 所示。此时对应的各 IGCC 基准电站的比投资分别为 5 578 元/kW、5 701 元/kW、5 301 元/kW 及 5 251 元/kW,IGCC 捕集电站的比投资分别为 7 925 元/kW、7 945 元/kW、7 346 元/kW 及 7 742 元/kW。

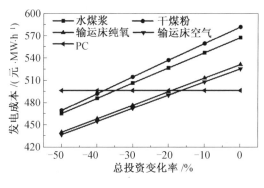

图 5.45　总投资变化的影响

5.5　CO_2 处置方式及碳税政策对经济性的影响

对捕集电站而言,捕集的 CO_2 的处置方式及碳税会对电站的经济性产生较大的影响。对电厂而言,也是是否引入捕集或如何捕集的重要考虑因素。本节将以发电成本为目标,分析捕集 CO_2 后,对 CO_2 进行不同的处置,如将 CO_2 封存或作为产品销售对捕集电站经济性的影响,同时考虑征收碳税所带来的影响。在此部分比较中,IGCC 电站仍选取输运床纯氧气化电站为代表,PC 电站仍选取 600 MWe 级超临界机组为代表进行相关分析。

5.5.1　分析情景

CO_2 捕集处置方式及碳税情景如表 5.14 所示。各情景的发电成本计算方法如表 5.15 所示。表 5.15 中各系数所对应的含义如表 5.16 所示。

表 5.14　CO_2 捕集处置方式及碳税情景

	无碳税	有碳税
仅捕集 CO_2	S1	S4
捕集并封存 CO_2	S2	S5
捕集并将 CO_2 作为产品出售	S3	S6

表 5.15　各情景的发电成本计算方法

情景	PC 电站	IGCC 电站
S1	$COE_{S1,PC} = 496$	$COE_{S1,IGCC} = 531$
S2	$COE_{S2,PC} = COE_{S1,PC} + 1.076\,6 \times (a+b+c)$	$COE_{S2,IGCC} = COE_{S1,IGCC} + 0.763\,3 \times (a+b+c)$
S3	$COE_{S3,PC} = COE_{S1,PC} - 1.076\,6 \times \alpha$	$COE_{S3,IGCC} = COE_{S1,IGCC} - 0.763\,3 \times \alpha$
S4	$COE_{S4,PC} = COE_{S1,PC} + 0.119\,6 \times \gamma$;	$COE_{S4,IGCC} = COE_{S1,IGCC} + 0.084\,8 \times \gamma$
S5	$COE_{S5,PC} = COE_{S1,PC} + 0.119\,6 \times \gamma + 1.076\,6 \times (a+b+c)$	$COE_{S5,IGCC} = COE_{S1,IGCC} + 0.084\,8 \times \gamma + 0.763\,3 \times (a+b+c)$
S6	$COE_{S6,PC} = COE_{S1,PC} + 0.119\,6 \times \gamma - 1.076\,6 \times \alpha$	$COE_{S6,IGCC} = COE_{S1,IGCC} + 0.084\,8 \times \gamma - 0.763\,3 \times \alpha$

注 1：发电成本的单位均为 元/MW·h。

注 2：CO_2 运输费用为 a 元/t，封存费用为 b 元/t，检测和校验费用为 c 元/t；CO_2 售价为 α 元/t；税费为 γ 元/t。

注 3：$COE_{S1,PC,ref} = 287$ 元/MW·h，$COE_{S1,IGCC,ref} = 416$ 元/MW·h；$COE_{S5-S8,PC,ref} = COE_{S1,PC,ref} + 0.854\,9 \times \gamma$，$COE_{S5-S8,IGCC,ref} = COE_{S1,IGCC,ref} + 0.699\,0 \times \gamma$。下标 ref 表示不采取捕集措施的电站。

表 5.16　各系数含义

含义	PC	IGCC
不采取捕集措施时基准电站的 CO_2 排放量/$(t \cdot MW \cdot h^{-1})$	0.854 9	0.699 0
捕集电站的 CO_2 排放量/$(t \cdot MW \cdot h^{-1})$	0.119 6	0.084 8
捕集电站总的 CO_2 释放量（排放的量+捕集的量）/$(t \cdot MW \cdot h^{-1})$	1.196 2	0.848 1
CO_2 的捕集量/$(t \cdot MW \cdot h^{-1})$	1.076 6	0.763 3

5.5.2　封存及出售 CO_2

假设 CO_2 运输 250 km 时，运输费用为 50 元/t；封存费用为 40 元/t；地质检测和校验费用为 1.4 元/t。则此时不采取捕集措施以及 S1，S2 情景中电站发电成本如表 5.17 所示。可见，考虑 CO_2 运输及封存后，IGCC 及 PC 捕集电站的发电成本相对于各自的基准电站分别增加了 44.5% 及 107.1%。S2 情景对应的 IGCC 及 PC 捕集电站的 CO_2 减排成本分别为 301 元/t 及 418 元/t。

表 5.17　IGCC 电站与 PC 电站的发电成本(基准电站及 S1、S2 情景)

项目	IGCC 电站			PC 电站		
	Ref	S1	S2	Ref	S1	S2
发电成本/(元·MW·h⁻¹)	416	531	601	287	496	594

S3 情景中,捕集后的 CO_2 不进行地质封存,而是作为产品出售给其他用户。此情景下,发电成本随 CO_2 售价的变化而变化,如图 5.46 所示。PC 电站的 CO_2 临界售价为 194 元/t,IGCC 电站的 CO_2 临界售价为 151 元/t。CO_2 售价高于临界售价时,现有技术条件下,捕集后电站的经济性更佳。

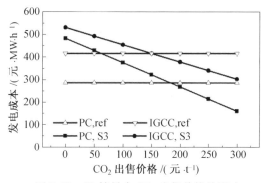

图 5.46　S3 情景中 CO_2 出售价格的影响

5.5.3　碳税

征收碳税的情景中,对于 IGCC 电站和 PC 电站,无论是否采取捕集措施,对于排放的 CO_2 都需要征收碳税。在 S4~S6 情景中,基准电站及捕集电站的发电成本均会随情景发生变化。S4~S6 情景中,发电成本随碳税税率的变化如图 5.47~图 5.49 所示。S4 情景中,假设碳税起征点为 0,可以计算得到对于 IGCC 电站,临界碳税为 187 元/t;PC 电站临界碳税为 284 元/t。若碳税的起征点调整,则碳税的临界税费也会发生变化。对 S5 情景,碳税起征点为 0 时,IGCC 电站的临界碳税为 301 元/t,PC 电站的临界碳税为 418 元/t。S6 情景中,碳税的临界碳税随 CO_2 售价的增加而下降。

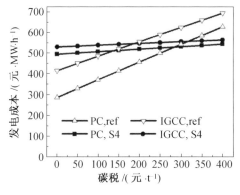

图 5.47　S4 情景下碳税影响

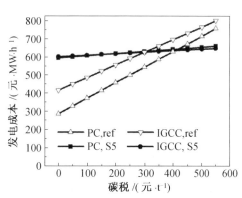

图 5.48　S5 情境下碳税影响

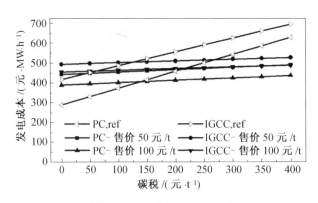

图 5.49 S6 情景下碳税影响

通过分析可见,S4 及 S5 情景中得到的碳税起征点为 0 时的 IGCC 及 PC 电站的 CO_2 临界碳税分别为 S2 及 S3 情景对应的 IGCC 及 PC 捕集电站的 CO_2 减排成本。由此,可以通过不同捕集率电站的 CO_2 减排成本推算得到对应的碳税起征点为 0 时的临界碳税。对 IGCC 捕集电站而言,捕集率在 85% ~ 90% 范围时,电站的 CO_2 减排成本最低。文献[161]认为,PC 捕集电站的 CO_2 捕集率在 90% 左右时,CO_2 减排成本最低。因此,本节中得到的 IGCC 及 PC 电站的 CO_2 临界碳税可认为是推动 IGCC 及 PC 电站引入 CCS 技术的最低碳税。

5.6　本章小结

本章基于现有技术,在统一基准下,对不同型式气化炉 IGCC 捕集电站进行了不同单元技术选择的研究。对 IGCC 及 PC 捕集电站进行了比较,分析了关键参数变化、CO_2 处置方式及碳税政策等对捕集电站经济性的影响,得到的主要结论如下:

(1)对水煤浆、干煤粉、输运床纯氧及空气气化炉 IGCC 基准电站及捕集电站下,煤气冷却方式及除尘方式影响的研究表明:

①从热力性能角度而言:在不同的气化炉型式下,CO_2 捕集前后均是基于煤气余热锅炉干法除尘流程 IGCC 电站的供电效率最高,但 CO_2 捕集的引入对激冷流程电站的影响最小。

②从经济性角度而言:对水煤浆气化、输运床纯氧及空气气化 IGCC 电站,CO_2 捕集前后均是煤气余热锅炉干法除尘流程系统的发电成本最低;对干煤粉气化 IGCC 电站,CO_2 捕集前煤气余热锅炉干法除尘流程电站的发电成本最低,捕集后激冷流程电站的发电成本最低;对基于以上各个气化炉类型的 IGCC 电站,均是采用激冷流程时,电站的 CO_2 减排成本最低。

③通过对煤气冷却单元投资影响的敏感性分析表明:对水煤浆气化及输运床纯氧气化 IGCC 基准电站,煤气余热锅炉流程系统的发电成本低于激冷流程系统时,气化单元投资比的临界值分别为 3.1 及 2.6。对基于以上两种气化炉型式的 IGCC 捕集电站,临界值则分别为 2.6 及 2.0;对干煤粉气化 IGCC 基准电站,采用激冷流程的气化炉单元投资低于采用煤气余热锅炉流程的气化炉单元投资的 1/2 时,激冷流程系统的发电成本即低于煤气余热锅炉流程系统。对干煤粉气化 IGCC 捕集电站,此临界值为 6/7;对输运床空气

气化 IGCC 基准电站及捕集电站,煤气余热锅炉与激冷流程气化炉单元投资比在 1.5~4 变化时,煤气余热锅炉流程电站的发电成本均低于激冷流程电站。即表明,对输运床气化 IGCC 电站,无论是否考虑 CO_2 捕集,均应采用煤气余热锅炉流程对煤气进行冷却。

(2)对同样采用煤气余热锅炉干法除尘流程的不同气化炉及气化方式的 IGCC 电站的比较表明:

①考虑 CO_2 捕集前,干煤粉气化炉 IGCC 电站的供电效率最高,输运床空气气化电站的发电成本最低。考虑 CO_2 捕集后,输运床纯氧气化系统的供电效率最高,输运床空气气化系统的发电成本最低。输运床纯氧气化系统的 CO_2 减排成本最低。可见,从 CO_2 捕集的角度而言,输运床气化技术更适合于 CO_2 的捕集。

②对分别采用纯氧及空气作为气化剂的输运床气化炉 IGCC 捕集电站,采用不同的 CO_2 分离方式时,电站热力性能及经济性比较的结果不尽相同。采用 NHD 法分离 CO_2 时,输运床纯氧及空气气化 IGCC 捕集电站的供电效率分别比基准电站降低了 7.97 及 8.83 个百分点,发电成本分别升高了 27.6% 及 28.7%。纯氧气化捕集电站的供电效率比空气气化捕集电站高 0.6 个百分点,发电成本高 6 元/MW·h。采用 MDEA 法分离 CO_2 时,纯氧气化及空气气化 IGCC 捕集电站的供电效率分别比基准电站降低了 11.1 及 10.6 个百分点。输运床空气气化 IGCC 捕集电站的供电效率比纯氧气化电站高 0.9 个百分点,发电成本比纯氧气化电站低 14 元/MW·h。从 CO_2 分离方法选择的角度看,两种气化方式系统均是采用 NHD 法分离 CO_2 时,系统的供电效率更高,发电成本更低。

(3)输运床纯氧气化 IGCC 捕集电站不同捕集率敏感性分析:

在不同 CO_2 捕集率下,IGCC 捕集电站的输出功、供电效率及减排单位 CO_2 的能耗均随捕集率的升高而降低,捕集电站的比投资及发电成本均随捕集率的升高而升高,这些变化在 87% 捕集率左右时出现拐点。CO_2 的捕集成本及减排成本随捕集率的升高呈现先降低后升高的趋势,在 87% 捕集率左右达到最低。可见,IGCC 捕集电站的最优捕集率出现在 85%~90% 范围内。

(4)IGCC 及 PC 电站的比较、关键参数及碳税税率的影响:

①与 PC 电站相比,CO_2 捕集对 IGCC 电站的热力性能及经济性影响较小。IGCC 捕集电站的供电效率较高,CO_2 减排成本较低,但比投资及发电成本较高。在 PC 电站性能及经济性参数保持不变的前提下,IGCC 捕集电站的发电成本要达到与 PC 电站相同的水平,输运床空气气化、输运床纯氧气化、水煤浆气化及干煤粉气化的 IGCC 捕集电站的总投资需分别降低约 24%、26%、41% 及 44%。此时各捕集电站对应的比投资分别为 7 256 元/kW、7 259 元/kW、6 668 元/kW 及 6 993 元/kW。

②分析了 CO_2 分别作为产品销售或进行地质封存对捕集电站经济性的影响,得到了 CO_2 作为产品销售时,PC 捕集电站及 IGCC 捕集电站的发电成本分别低于各自的基准电站时的临界售价,分别为 194 元/t 及 151 元/t。在不同的 CO_2 处置方式下,对碳税税率对电站发电成本的影响进行了分析,确定了不同情景中捕集电站发电成本更具优势时的临界碳税。当仅捕集 CO_2 时,PC 及 IGCC 捕集电站的临界碳税分别为 284 元/t 及 187 元/t。当对捕集的 CO_2 进行封存时,PC 及 IGCC 捕集电站的临界碳税分别为 418 元/t 及 301 元/t。可见,IGCC 捕集电站的临界碳税及 CO_2 临界售价均低于 PC 捕集电站。

第6章 基于钙基吸收剂的 CO_2 吸收法在 IGCC 中的应用

钙基吸收剂可用于 IGCC 煤气中 CO_2 的分离,亦可作为 CO_2 吸收体,实现在气化过程中捕集 CO_2。本章基于钙基吸收剂在 IGCC 中两个不同位置的应用,分别建立了两种类型的发电及制氢系统,对关键过程及参数的影响进行了分析,并在统一基准下与常规发电及制氢系统进行了比较。此外,通过对关键单元投资的敏感性分析,以及与常规捕集方式下电站发电成本的比较,得到了两种类型发电系统的发电成本分别达到不同水平时,关键单元的临界投资。

6.1 钙基固体吸收剂在燃烧前捕集中的应用

基于钙基固体吸收剂的 CO_2 捕集过程在燃烧后捕集电站中的应用在 1.2.5 节 1 中已进行了介绍,此方法与常规胺法过程相比的优越性也已得到了众多学者的肯定,本节将分析钙基吸收剂法在燃烧前捕集中的应用。

基于钙基吸收剂的 CO_2 吸收法应用于 IGCC 捕集电站时,根据集成程度的不同,存在两种方式。一种是取代常规 IGCC 捕集电站中的 CO_2 捕集单元,并与水煤气变换过程相结合,实现边变换边吸收。此过程还可以脱除气体中硫化物,大大减少了系统的能量损失,文献[43]将其定义为 CLP(Calcium Looping Process,CLP)过程。应用于煤气中 CO_2 脱除的 CLP 过程的概念流程如图 6.1 所示。

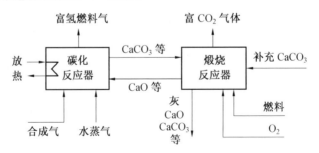

图 6.1 应用于煤气脱碳的 CLP 过程概念图

CLP 碳化反应器中主要反应:

水煤气变化反应:

$$CO+H_2O \Longrightarrow H_2+CO_2, \Delta H_{298}^0 = -41.5 \ kJ/mol \tag{6.1}$$

碳化反应:

$$CaO+CO_2 \Longrightarrow CaCO_3, \Delta H_{298}^0 = -178.1 \ kJ/mol \tag{6.2}$$

重整反应:

$$CH_4 + 2H_2O \Longrightarrow CO_2 + 4H_2, \Delta H_{298}^0 = 206.3 \ kJ/mol \tag{6.3}$$

CLP 过程由碳化反应器和煅烧反应器两个反应器构成。在碳化反应器中,煤气中的 CO 首先与 H_2O 发生水煤气变换反应,生成 CO_2 和 H_2。CO_2 与 CaO 发生碳酸化反应,将气相中的 CO_2 不断吸收固化,通过不断减少气相中的 CO_2 来促进反应的平衡向右进行,从而促进了 H_2 的生成。除了上述的主要反应外,气相中另有少量气化所产生的 CH_4 发生重整反应也转化为 CO 和 H_2。此外,煤气中含有的 H_2S、COS、HCl 等杂质气体,也可在此反应器中通过与 CaO 反应而脱除。由反应可以看出,水煤气变换反应及碳化反应都是放热反应,因此,碳化反应器将释放大量的热量,此部分散热可以产生中高压的蒸汽用于发电。

碳化反应器中的杂质气体的脱除反应:

$$CaO+H_2S \longrightarrow CaS+H_2O \tag{6.4}$$

$$CaO+COS \longrightarrow CaS+CO_2 \tag{6.5}$$

$$CaO+2HCl \longrightarrow CaCl_2+H_2O \tag{6.6}$$

碳化反应器的气体产物是富氢燃料气,根据反应条件的不同,产物气成分有所差异。碳化反应器的固体产物主要是 $CaCO_3$ 及过量的 CaO,其中还包含有少量的 CaS 等杂质。固体产物进入煅烧反应器发生反应,$CaCO_3$ 在高温下分解成为 CaO 和 CO_2。此外,固体中的 CaS 将与氧气发生反应,生成 $CaSO_4$。碳化反应器的固体产物(主要是 CaO),重新循环回碳化反应器,气体产物 CO_2 气体经冷却、净化及压缩后可用于封存或其他用途。煅烧反应器的热源可以通过煤气或产物气的纯氧燃烧提供或者采用煤直接纯氧燃烧的方式。

煅烧反应:

$$CaCO_3 \Longrightarrow CaO+CO_2, \Delta H_{298}^0 = 178 \ kJ/mol \tag{6.7}$$

CaO 固体吸收剂的第二种应用方式是在第一种方式的基础上,与气化过程相结合,实现在气化过程中捕集 CO_2 的目的,即内在碳捕集气化过程,如图 6.2 所示。煅烧反应器同样需要供给一定量的氧气作为氧化剂,则需要增设空分设备。为了取消空分设备,可以与载氧体燃烧过程相结合,形成如图 6.3 所示的内在碳捕集气化三反应器流程。

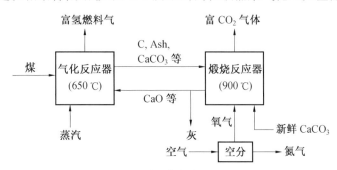

图 6.2　内在碳捕集气化双反应器流程

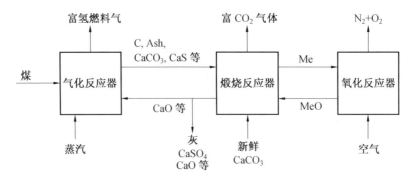

图 6.3　内在碳捕集气化三反应器流程

内在碳捕集气化过程的气化反应器中,煤中的碳首先与水蒸气发生气化反应(6.8),而后发生(6.1)的反应。反应(6.8)为吸热反应,反应所需要的热量由水煤气变换反应及碳化反应提供,反应器内部不仅可满足自身能量的需求,还可释放一部分热量。气化反应器的气体产物为富氢燃料气,固体产物为 $CaCO_3$、CaS、过量的 CaO、灰及未反应的焦炭等。固体产物进入到煅烧反应器中。内在碳捕集气化双反应器流程中煅烧反应器中的主要反应同样是 $CaCO_3$ 的分解反应(6.7),煅烧反应所需要的热量由气化反应中未反应焦的燃烧提供。因此,煅烧反应器中还发生焦炭的燃烧反应(6.9)。

气化反应:
$$C+H_2O \Longrightarrow H_2+CO, \Delta H_{298}^0 = 132 \ kJ/mol \tag{6.8}$$

双反应器系统中焦的燃烧反应:
$$C+O_2 \Longrightarrow CO_2 \tag{6.9}$$

对内在碳捕集气化三反应器系统,煅烧反应器中焦炭的燃烧反应所需的氧化剂由金属载氧剂提供,则三反应器系统中焦的燃烧反应为(6.10)。三反应器系统中,金属载氧剂的氧化发生在氧化反应器中,金属载氧剂 Me 与空气中的 O_2 发生氧化反应生成 MeO,即反应(6.11)。氧化反应器的出口为未反应的高温空气。

三反应器系统中焦的燃烧反应:
$$C+2MeO \Longrightarrow 2 \ Me+CO_2 \tag{6.10}$$

三反应器系统中金属的氧化反应:
$$2Me+O_2 \Longrightarrow 2MeO \tag{6.11}$$

钙基吸收剂在燃烧前捕集中的这两种不同的应用,均可以方便地实现 CO_2 的捕集,同时可产生富氢燃料气。本章将分别对基于这两种不同应用的系统进行研究。

6.2　基于 CLP 过程的 IGCC-CLP 系统

基于气化炉及 CLP 过程的系统(IGCC-CLP 系统),可以用于产生高纯度氢气,或与联合循环结合发电,也可以为化工行业提供原料气,如图 6.4 所示。本节将分别从发电和制氢的角度出发,对 IGCC-CLP 系统进行分析。

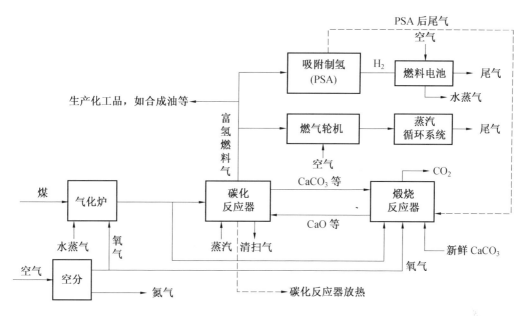

图 6.4　基于 IGCC 及 CLP 过程的系统简要流程图

6.2.1　CLP 反应器操作条件敏感性分析

碳化反应器气体产物的成分与碳化反应器的操作条件及入口参数密切相关。本小节首先对碳化反应器的操作压力、操作温度、水碳比及钙碳比进行敏感性分析,得到关键参数对其出口成分的影响。同时,分析煅烧反应器的压力及温度对 $CaCO_3$ 分解程度的影响。

选取以纯氧为气化剂的输运床气化炉产生的煤气为入口气体。敏感性分析的基准条件如表 6.1 所示。这里需要说明的是:水碳比指进口气体中水蒸气总量与 CO 量之比;钙碳比指碳化反应器中氧化钙量与进口煤气中总碳量之比。水碳比及钙碳比均为摩尔比。

表 6.1　碳化反应器敏感性分析基准条件

碳化反应器压力/MPa	碳化反应器温度/℃	水碳比	钙碳比
2.5	650	3	1

1. 碳化反应器压力影响

图 6.5 给出了碳化反应器出口气体(干气)各组分的摩尔流量及摩尔分数随反应器压力的变化。由图中可以看出,反应器出口气体中 CO 及 CO_2 的含量很少,几乎为 0,而且不受反应器压力变化的影响。随着碳化反应器压力的升高,H_2 的含量降低,CH_4 的含量升高,主要原因是压力的升高将使反应向反方向进行。然而,在系统参数的设置中,碳化反应器的压力不能仅仅由目标气体的成分决定,还应结合系统的流程配置。

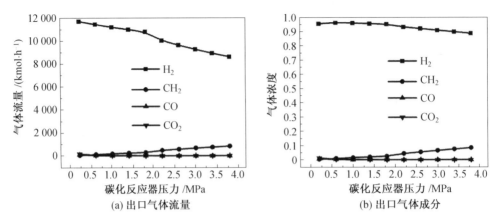

(a) 出口气体流量　　　　　　　　　　(b) 出口气体成分

图 6.5　碳化反应器压力的影响

2. 碳化反应器温度影响

图 6.6 给出了碳化反应器温度对出口气体摩尔流量及成分的影响。H_2 的含量在碳化反应器温度为 700 ℃ 左右时最高。在 700 ℃ 之前，H_2 的含量随着反应器温度的升高而升高。以上现象的主要原因是，H_2 的含量除了由反应(6.1)决定外，还与反应(6.2)及反应(6.3)密切相关。尽管较低的温度对反应(6.1)有利，但也使得反应(6.3)向反方向进行，消耗了反应(6.1)产生的部分 H_2，随着温度的升高，反应(6.3)逐渐向正方向进行，H_2 的含量也随之升高。然而，随着反应器温度的升高，反应(6.2)的活性受到限制，使得 CaO 吸收 CO_2 的量减少，气体中 CO_2 的含量增加，这一定程度上限制了反应(6.1)的进行。而且反应(6.1)本身为吸热反应，温度的升高对反应不利。因此，超过 700 ℃ 时，气体中 H_2 的含量随温度的升高而降低，CO 及 CO_2 的含量随温度的升高而升高，CH_4 的含量随温度的升高而降低。

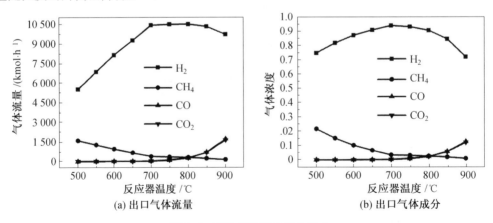

(a) 出口气体流量　　　　　　　　　　(b) 出口气体成分

图 6.6　碳化反应器温度的影响

由以上的结果可以看出，过高的温度并不利于 H_2 的产生及 CO_2 的捕集。反应器的温度在 650 ~ 750 ℃ 时，产物干气中 H_2 的摩尔分数占到 90%，CH_4 的摩尔分数在 10% 以下。但是对碳化反应而言，反应温度为 600 ~ 650 ℃ 时，反应的活性最高，因此在碳化反应温度的选取上，综合考虑，选取 650 ℃ 较为适合。

3. 水碳比的影响

图 6.7 给出了进口总气体中,水碳比对反应器出口气体流量及成分的影响。可以看出,水蒸气的增加都将促使反应向正方向进行,H_2 的产量随着水蒸气量的增多而增大,CH_4 的产量随着水蒸气的增多而减少。CO 及 CO_2 的含量主要由反应(6.2)决定,而反应(6.2)不受水蒸气量的影响,则 CO 及 CO_2 的含量不发生变化,几乎为 0。

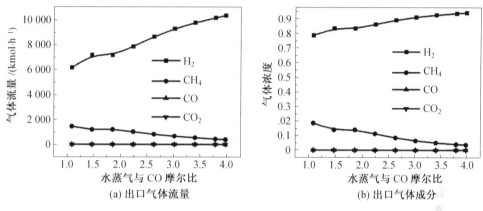

图 6.7　水碳比影响

4. 钙碳比的影响

图 6.8 给出了钙碳比对碳化反应出口气体摩尔流量及摩尔组分的影响。由图中可以看出,钙碳比在 1 左右时,产物气中 H_2 的含量达到最高,此时 CH_4 及 CO_2 的含量均为最低,进入反应器的 CaO 完全用于碳化反应。随着 CaO 的增加,各组分气体的流量无变化。在实际操作过程中,CaO 的供给量还需考虑到 CaO 的反应程度很难达到理想状态下的100% ,此外 CaO 与其他气体如 H_2S 等的附加反应也会消耗部分 CaO,在气固分离的过程中,亦会损失一部分 CaO。因此,需要输入过量的 CaO。本研究中,选择钙碳比为 1.3。

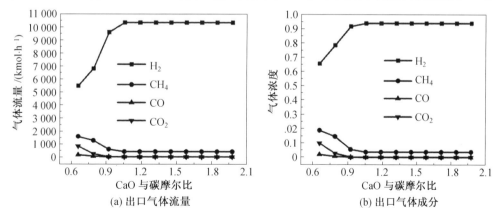

图 6.8　钙碳比的影响

5. 煅烧反应器操作压力及温度

煅烧反应器中 $CaCO_3$ 的分解程度主要与反应器的压力和温度有关。$CaCO_3$ 的分解程度由煅烧反应的平衡控制,公式给出了反应温度和 CO_2 平衡分压的关系:

$$P_{eq} = 4.137 \times 10^7 \exp\left(-\frac{20\,474}{T}\right) \qquad (6.12)$$

　　CO_2 的分压越高,所需的分解温度越高。为了得到高浓度的 CO_2,煅烧反应器需要发生在高浓度 CO_2 条件下。$CaCO_3$ 分解温度与 CO_2 分压关系如图 6.9 所示。由图中可以看出,当 CO_2 的分压在 0.1 MPa 左右时,$CaCO_3$ 的分解温度需达到 850 ℃ 左右才能保证 $CaCO_3$ 完全分解。CO_2 的分压小于 0.1 MPa 时,CO_2 的分解温度与 CO_2 分压的变化关系明显。在 CO_2 分压超过 0.1 MPa 时,分解温度随分压的变化关系较缓和。

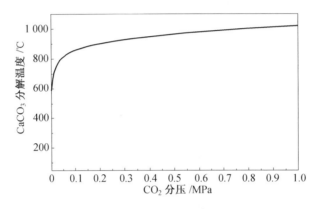

图 6.9　$CaCO_3$ 分解温度与 CO_2 分压关系图

　　煅烧反应器的压力越高,CO_2 分压越大,$CaCO_3$ 反应分解温度越高,煅烧反应器所需消耗的燃料量越多。但同时煅烧反应器压力越高,CO_2 产品气的压力越高,后续 CO_2 压缩过程的耗功越低,煅烧反应器的压力需要通过系统分析进行确定。

　　分别对 0.1 MPa 和 1 MPa 压力下煅烧反应器中 $CaCO_3$ 的分解率随反应器温度的变化进行了分析。其中,为了降低反应器的温度,注入了不同量的水蒸气。图 6.10 为不同压力及水碳比下的 $CaCO_3$ 分解率与反应器温度的关系图。其中,虚线为常压下 (0.1 MPa) 的情况,实线为 1 MPa 压力时的情况。图中的数字 3、2、1、0.5 为不同的水蒸气碳比,对应的煅烧反应器气体中水蒸气的摩尔分数分别为 75%、66%、50% 及 25%。此处,水蒸气碳比指煅烧反应器中的水蒸气量与 $CaCO_3$ 及 CO_2 等总碳量之比。由图中可以看出,在水蒸气碳比为 0.5 时,煅烧反应器压力为 0.1 MPa 时,反应器温度需达到 830 ℃ 以上,才能保证 $CaCO_3$ 的完全分解,反应器压力为 1 MPa 时,温度需达到 980 ℃ 以上。

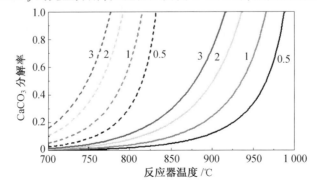

图 6.10　$CaCO_3$ 分解率与反应器温度及水蒸气/碳比的关系

6.2.2　基于 IGCC-CLP 的发电系统

根据 CLP 过程煅烧反应供热方式的不同,分别建立 IGCC-CLP 系统的流程图如图 6.11～图 6.13 所示。系统具体的流程配置及技术选择为:空分过程选用低压独立空分,N₂ 不回注的方式。气化后的煤气通过煤气余热锅炉回收热量冷却至 330 ℃。回收的热量用于产生 10 MPa 的高压饱和或过热蒸汽。煤气经除尘后进入碳化反应器。碳化反应器注入 3 MPa 的中压饱和蒸汽,用于水煤气的变换反应,此部分蒸汽自中压蒸汽透平抽取。碳化反应器出口的富氢燃料气通过产生高中压饱和或过热蒸汽回收热量后温度降至276.67 ℃,进入燃气轮机联合循环单元发电。碳化反应器中发生的主要反应为放热反应,反应器的放热用于产生高压的过热蒸汽。碳化反应器出口的固体进入煅烧反应器,其中的 CaCO₃ 在煅烧反应器中分解为 CaO 和 CO₂。煅烧反应器中产生的富 CO₂ 气体经换热冷却(冷却热量用于产生高压、中压及低压蒸汽)及冷凝过程后,CO₂ 产品气首先压缩至 8 MPa,经冷却后成为液态,再用泵压缩至 15 MPa。

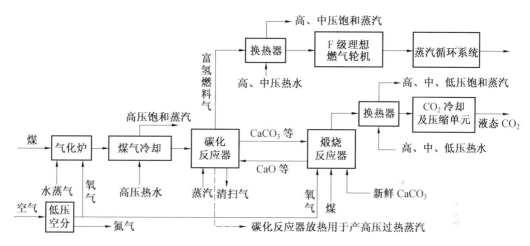

图 6.11　IGCC-CLP 发电系统-煤燃烧供热方式(流程 1)

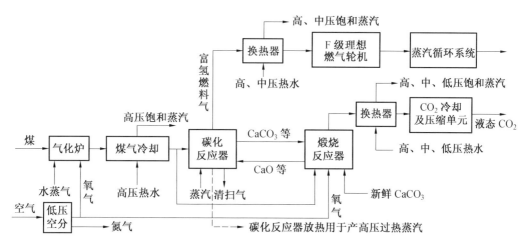

图 6.12　IGCC-CLP 发电系统-煤气分流燃烧方式(流程 2)

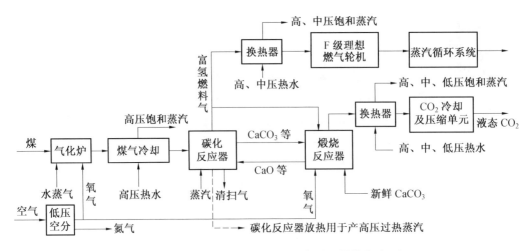

图 6.13　IGCC-CLP 发电系统-富氢燃料气分流燃烧方式(流程 3)

根据 CLP 过程敏感性分析的结果,系统模拟中 CLP 单元参数设置如表 6.2 所示。

表 6.2　IGCC-CLP 发电系统 CLP 反应器参数设置

项目	数值
碳化反应器压力/MPa	2.5
碳化反应器温度/℃	650
煅烧反应器压力/MPa	0.1
煅烧反应器温度/℃	900(流程 1),850(流程 2 及流程 3)
钙碳比	1.3
水碳比	3

其中,基于流程 1 时,煅烧反应器温度需要达到 900 ℃,才能满足 $CaCO_3$ 的完全分解。在流程 2 及流程 3 的情况下,由于煤气或燃料气中已含有一部分水分,气体中 H_2 的燃烧也可以产生一部分水分,从而降低了 CO_2 的分压,煅烧反应器温度为 850 ℃时,即可满足 $CaCO_3$ 的完全分解。

系统中燃气轮机单元采用 F 级理想燃机,余热锅炉为三压再热式余热锅炉。理想燃气轮机指压气机和透平尺寸根据 IGCC 捕集电站系统要求而设计,压气机压比和效率在各工况下均保持相同,压气机的流量和透平通流面积可根据要求任意调节。F 级理想燃机模拟中的参数设定参考 GE9351FA 燃机选取,如表 6.3 所示。假设燃机的燃烧室出口温度、压气机压比、效率、燃烧室效率、压力损失以及透平效率等部件性能参数在各种工况下均保持不变。由于燃烧室出口的气体温度较高,需对透平进行冷却,采用两股冷却空气分别对动叶及静叶进行冷却,冷却空气量与透平进口烟气的流量成比例,具体设置如表 6.3。

表6.3 F 级理想燃机参数及性能

名称	数值
压气机进气压力损失/Pa	622.11
压气机压比	15.3
压气机等熵效率	0.88
燃烧室效率/%	99.5
燃烧室压力损失/%	3.5
透平多变效率/%	87.2
透平排气压损/Pa	1 368.6
压气机进气流量/($kg \cdot s^{-1}$)	629.56
燃烧室出口温度/℃	1 400
透平静叶冷却空气量与透平进口气体流量之比	0.088
透平动叶冷却空气量与透平进口气体流量之比	0.125

1. IGCC-CLP 系统热力性能结果分析

三种不同的供热方式下,IGCC-CLP 系统热力性能的计算结果如表 6.4 所示。

表6.4 基于不同供热方式的 IGCC-CLP 系统比较

	IGCC-CLP(1)	IGCC-CLP(2)	IGCC-CLP(3)
煅烧反应器供热方式	煤燃烧	煤气分流	富氢燃料气分流
CO_2 捕集率/%	96.09	96.20	96.95
系统供电效率(LHV)/%	38.96	38.39	35.24
系统供电功率/MWe	566.87	573.49	656.01
系统总煤耗/($t \cdot h^{-1}$)	246.65	253.24	315.57
用于供热的燃料百分比/%	22.33	24.18	39.29
燃气轮机发电功率/MWe	348.48	348.49	348.49
汽轮机发电功率/MWe	325.72	316.98	404.89
厂用电率/%	15.92	16.38	18.97
系统供电煤耗/($kg \cdot MW \cdot h^{-1}$)	435.10	441.58	481.05
系统 CO_2 排放/($kg \cdot MW \cdot h^{-1}$)	32.53	32.15	28.11

通过比较可以看出,对 IGCC-CLP 系统,采用煤燃烧供热方式时,系统的供电效率最高。采用煤气分流方式的系统供电效率略低于煤燃烧供热方式系统,而采用富氢燃料气

分流燃烧方式系统的供电效率远低于煤燃烧方式。采用富氢燃料气分流燃烧方式时，煤气先经过碳化反应器脱碳。此过程需消耗大量的水蒸气，并造成了需要煅烧的 $CaCO_3$ 量增加，这对系统是十分不利的。因此，在煅烧反应器供热方式的选择上，宜选择煤直接燃烧供热或煤气分流燃烧供热的方式，而不宜选择富氢燃料气分流燃烧的方式。

2. 水碳比对 IGCC-CLP 系统的影响

通过 5.2 节关键参数的敏感性分析可以看出，碳化反应器操作条件的不同会大大影响反应器出口气体的成分，从而会影响系统的 CO_2 捕集率。在本节中，碳化反应器的压力、温度及钙碳比保持不变，分析不同水碳比对系统热力性能的影响。仍以输运床纯氧气化系统为分析的基础。

不同水碳比下，输运床纯氧气化 IGCC-CLP 系统进入燃气轮机燃烧室的燃料气的成分及热值如表 6.5 所示。随着水碳比的降低，碳化反应器出口燃料气中 H_2、CH_4 及 CO 的含量逐渐升高，H_2O 的含量逐渐降低，燃料气的热值逐渐升高。

表 6.5　输运床纯氧气化 IGCC-CLP 系统不同水碳比下燃料气成分

水碳比	3	2.5	2	1.5	1
CO	0.000 3	0.000 4	0.000 5	0.000 6	0.000 8
H_2	0.487 8	0.525 1	0.560 4	0.588 3	0.596 4
CO_2	0.000 6	0.000 6	0.000 6	0.000 6	0.000 6
CH_4	0.017 1	0.028 2	0.047 5	0.082 4	0.149 4
N_2	0.002 9	0.003 3	0.003 9	0.004 8	0.006 3
H_2S	0.000 2	0.000 2	0.000 2	0.000 1	0.000 1
H_2O	0.490 6	0.441 7	0.386 3	0.322 4	0.245 5
NH_3	0.000 5	0.000 6	0.000 7	0.000 8	0.000 9
LHV/(kcal · kg^{-1})	3 106.67	3 745.03	4 634.91	5 890.68	768 5.79

不同水碳比下，系统热力性能分析结果如表 6.6 及图 6.14～图 6.17 所示。随着水碳比的降低，供电效率逐渐升高，系统的 CO_2 捕集率逐渐降低。水碳比为 3 时，系统的供电效率为 38.96%，此时系统的 CO_2 捕集率达到 96%，单位供电 CO_2 排放量为 32.53 kg/MW · h。水碳比为 1 时，供电效率提高至 40.62%，但此时系统的 CO_2 捕集率仅为 84.10%，单位供电 CO_2 排放量增加至 127.03 kg/MW · h。随着水碳比的降低，碳化反应器中 CO 转换率降低，CO_2 吸收量减少，煅烧反应器所需的供煤量减少。水碳比为 3 时，系统总煤耗中约有 22.33% 的煤被送至煅烧反应器燃烧，水碳比为 1 时，这一比例降低为 18.76%。水碳比的降低对蒸汽系统输出功有利，水碳比越低，需从蒸汽系统抽取的蒸汽量越少。蒸汽轮机的发电量占总发电量的比例随着水碳比的降低而升高，在水碳比为 1 时，约有 54.5% 的发电量来自于蒸汽轮机。

表6.6　不同水碳比下系统的热力性能

水碳比	3	2.5	2	1.5	1
CO_2 捕集率/%	96.09	94.46	92.08	88.73	84.10
系统供电效率(LHV)/%	38.96	39.22	39.67	40.29	40.62
系统供电功率/MWe	566.87	549.18	535.28	526.95	518.49
系统总煤耗/(t·h⁻¹)	246.65	237.40	228.75	221.74	216.36
用于供热的燃料百分比/%	22.33	21.85	21.14	20.14	18.76
燃气轮机发电功率/MWe	348.48	327.22	308.02	291.02	275.90
汽轮机发电功率/MWe	325.72	324.36	324.65	328.58	330.54
系统供电煤耗/(kg·MW·h⁻¹)	435.10	432.27	427.34	420.81	417.29
系统 CO_2 排放/(kg·MW·h⁻¹)	32.53	45.85	64.77	90.81	127.03

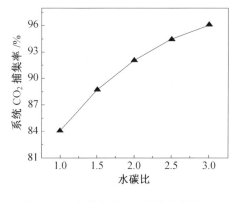

图6.14　水碳比对 CO_2 捕集率的影响　　　图6.15　水碳比对系统供电效率的影响

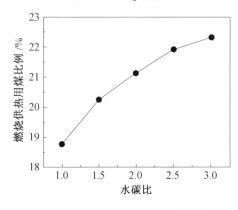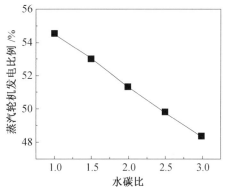

图6.16　水碳比对燃烧煤比例影响　　　图6.17　水碳比对蒸汽轮机发电比例影响

3. 煅烧反应器压力的影响

在上述的分析中,煅烧反应器均设定工作在常压状态下,提高煅烧反应器压力可以降低 CO_2 产品气的压缩耗功。然而,煅烧反应器压力的提高将影响反应器中 CO_2 的分压,

从而影响 $CaCO_3$ 的分解程度。从图 6.9 及图 6.10 可以看出,在较高的压力下,要保证 $CaCO_3$ 的完全分解,需要提高煅烧反应器的温度或注入一定量的蒸汽以降低 CO_2 的分压。提高煅烧反应器的温度将导致系统供给煅烧反应器的燃料量增加,向煅烧反应器中注入蒸汽,则需要从蒸汽轮机中抽取一部分的蒸汽,均会影响系统的热力性能。但同时,煅烧反应器出口气体温度及流量提高,可以产生更多的蒸汽,可提高蒸汽系统的输出功。总之,煅烧反应器压力提高会产生一系列的变化(表 6.7),很难定性地判定其对系统热力性能的影响。因此,本小节将对煅烧反应器压力分别为 0.1 MPa 及 1 MPa 时的 IGCC-CLP 系统进行比较,从系统热力性能的角度,分析煅烧反应器压力的影响。

表 6.7　煅烧反应器压力提高的影响

反应器压力提高	对系统影响
减少 CO_2 压缩功	+
增加氧压机耗功	−
增加煤耗	−
提高出口气体流量及温度	+
注入蒸汽	−

煅烧反应器的压力为 1 MPa 时,为了保证 $CaCO_3$ 的完全分解,需将煅烧反应器温度提高至 980 ℃,并向反应器中注入一部分 1 MPa 过热蒸汽以降低 CO_2 的分压,此部分蒸汽由蒸汽循环单元中压透平抽取。此外,需增设氧气压缩机,将空分产生的 O_2 压缩到 1 MPa。不同煅烧反应器压力下系统的热力性能及功耗分布分别如表 6.8 及表 6.9 所示。与煅烧反应器常压的情况相比,煅烧反应器压力为 1 MPa 时,煅烧反应器的煤耗增加了 12.60 t/h,需注入约 108.23 t/h 的 1 MPa 过热蒸汽。由表 6.9 中可以看出,煅烧反应器的压力增加到 1 MPa 时,CO_2 压缩单元的耗功减少了约 21.51 MWe,蒸汽循环的输出功增加了 9.15 MWe,但同时供给煅烧反应器氧气的氧压机消耗了 7.18 MWe 的输出功。综合以上的影响,煅烧反应器压力为 1 MPa 时,系统的供电效率降低了 0.78 个百分点,由于煅烧反应器煤耗的增加,系统的 CO_2 捕集率略有增加,系统总 CO_2 排放量不变,单位供电 CO_2 排放量略有降低。

4. 不同气化技术的影响

本小节将对分别基于干煤粉气化、水煤浆气化及输运床气化的 IGCC-CLP 发电系统进行分析及比较。在各种系统中,煅烧反应器同样采用煤燃烧方式供热,反应器压力为 0.1 MPa。比较中,保证各系统的单位供电 CO_2 排放量相近,以水碳比为 3 时的输运床纯氧气化 IGCC-CLP 系统的单位供电 CO_2 排放量为基准(32.53 kg/MW·h)。此时,基于干煤粉、水煤浆及输运床空气气化炉 IGCC-CLP 系统中碳化反应器的水碳比分别为 2.2、2.3 及 2,进入燃机的燃料气的成分及热值如表 6.10 所示。

表 6.8 不同煅烧反应器压力下的 IGCC-CLP 系统热力性能对比

	IGCC-CLP(1)	IGCC-CLP(2)
煅烧反应器压力/MPa	0.1	1
CO_2 捕集率/%	96.09	96.28
系统供电效率(LHV)/%	38.96	38.18
系统供电功率/MWe	566.87	583.85
系统总煤耗/$(t \cdot h^{-1})$	246.65	259.24
用于供热的燃料百分比/%	22.33	26.10
燃气轮机发电功率/MWe	348.48	348.49
汽轮机发电功率/MWe	325.72	334.87
厂用电率/%	15.92	14.56
系统供电煤耗/$(kg \cdot MW \cdot h^{-1})$	435.10	444.02
系统 CO_2 排放/$(kg \cdot MW \cdot h^{-1})$	32.53	31.58

表 6.9 不同煅烧反应器下 IGCC-CLP 系统的功耗分布

	IGCC-CLP(1)	IGCC-CLP(2)
煅烧反应器压力/MPa	0.1	1
燃气轮机输出功	348.49	348.49
蒸汽轮机输出功	325.72	334.87
空压机耗功	44.62	49.82
气化炉-氧压机耗功	10.97	10.97
煅烧反应器-氧压机耗功	—	7.18
CO_2 压缩单元耗功	37.59	16.08

表 6.10 基于不同气化炉下的燃料气的成分及热值

气化炉类型	输运床纯氧	干煤粉	水煤浆	输运床空气
CO	0.000 3	0.000 3	0.000 3	0.000 4
H_2	0.487 8	0.474 3	0.493 4	0.301 4
CO_2	0.000 6	0.000 6	0.000 6	0.000 6
CH_4	0.017 1	0.016 9	0.018 5	0.011 9
N_2	0.002 9	0.039 9	0.004 4	0.460 5
H_2S	0.000 2	0.000 2	0.000 2	0.000 1
H_2O	0.490 6	0.466 0	0.482 0	0.222 2
NH_3	0.000 5	0.001 7	0.000 6	0.002 9
LHV/$(kcal \cdot kg^{-1})$	3 106.67	2 855.86	3 183.02	1 116.45

基于不同气化炉的 IGCC-CLP 系统的热力性能计算结果如表 6.11 所示。图 6.18 给出了不同系统供电效率的比较。从图中可以看出，在相近的单位供电 CO_2 排放下，输运床空气气化 IGCC-CLP 系统的供电效率最高，其次是输运床纯氧气化 IGCC-CLP 系统、干煤粉气化 IGCC-CLP 系统及水煤浆气化 IGCC-CLP 系统。其中，输运床纯氧气化系统的供电效率仅比输运床空气气化系统低 0.06 个百分点。

表 6.11　基于不同气化方式的 IGCC-CLP 系统热力性能比较

气化炉类型	输运床纯氧	干煤粉	水煤浆	输运床空气
CO_2 捕集率/%	96.09	96.30	96.19	96.09
系统供电效率(LHV)/%	38.96	37.24	36.93	39.02
系统供电功率/MWe	566.87	575.96	627.30	794.95
系统总煤耗/$(t \cdot h^{-1})$	246.65	262.18	287.94	340.12
用于供热的燃料百分比/%	22.33	20.61	20.11	19.51
燃气轮机发电功率/MWe	348.48	339.53	357.93	469.04
汽轮机发电功率/MWe	325.72	352.83	413.98	485.86
厂用电率/%	15.92	16.81	18.73	17.61
系统供电煤耗/$(kg \cdot MW \cdot h^{-1})$	435.10	455.19	459.01	427.85
系统 CO_2 排放/$(kg \cdot MW \cdot h^{-1})$	32.53	31.52	32.44	32.05

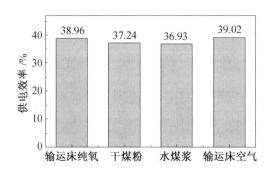

图 6.18　基于不同气化方式的 IGCC-CLP 系统供电效率比较

5. 基于输运床空气气化的 IGCC-CLP 系统

对输运床空气气化 IGCC 系统，采用 CLP 过程捕集 CO_2 时，需增设空分单元为 CLP 单元的煅烧反应器提供纯氧，增加了系统流程的复杂性，且空分投资较大，对系统的经济性不利。将 CLP 过程与载氧体燃烧过程相结合可取消系统中的空分单元，构成三反应器 CLP 过程，如图 6.19 所示。载氧体燃烧过程采用 Ni 基载氧剂，即 $NiO/NiAl_2O_4$ 的混合物。

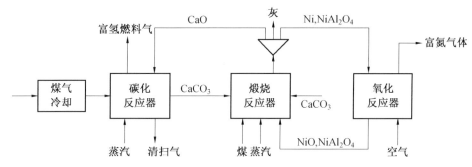

图 6.19　三反应器 CLP 过程

此模型在双反应器 CLP 过程原有的碳化反应器及煅烧反应器的基础上增加了氧化反应器,在氧化反应器中,金属 Ni 与空气中的氧气反应,生成 NiO,而后 NiO 被传输至煅烧反应器与其中的燃料发生还原反应,重新生成 Ni 再循环至氧化反应器重新氧化。在研究中,假设煅烧反应器出口的固体可以完全分离,不考虑分离过程如何实现。模拟中 CLP 三反应器模型的参数设置如表 6.12 所示。

表 6.12　CLP 三反应器过程参数设置

项目		数值
煅烧反应器	反应器压力/MPa	0.1,1
	反应器温度/℃	
	进口蒸汽压力/MPa	1
	进口蒸汽温度/℃	450
氧化反应器	反应器压力/MPa	0.1,1
	反应器温度/℃	1 100,1 200
氧化反应器进口空气	O₂/Ni	1.2
	进口压力/MPa	0.1,1
	进口温度/℃	700

空气气化 IGCC-CLP 三反应器系统,不同操作条件下系统热力性能分析结果如表 6.13 所示。其中 Case1 及 Case2 中煅烧反应器及氧化反应器的压力均为 0.1 MPa。由表 6.13 可见,Case1 及 Case2 系统的供电效率均低于双反应器流程系统。Case1 与 Case2 系统相比,氧化反应器的温度不同。对以天然气为燃料的载氧体燃烧联合循环电站,氧化反应器的温度越高,系统的热力性能越好。而对 IGCC-CLP 三反应器系统,煅烧反应器的压力同样为 0.1 MPa 的情况下,氧化反应器温度由 1 100 ℃ 提高至 1 200 ℃ 时,系统的供电效率降低了 0.34 个百分点。主要原因是,虽然氧化反应器出口气体温度升高可产生更多的蒸汽用于做功,但同时 CLP 单元需要供给更多的煤以实现较高的氧化反应器温度。Case2 与 Case1 相比,蒸汽循环的输出功增加了 36.19 MWe,同时 CLP 单元的供煤量增加了 18 t/h。可见,与以天然气为燃料的载氧体燃烧联合循环不同,对基于三反应器流程的 IGCC-CLP 系统,提高氧化反应器的温度,并不能提高系统的供电效率。

表 6.13　基于空气气化的 IGCC-CLP 三反应器系统热力性能比较

项目	方案 1	方案 2	方案 3
煅烧反应器压力/MPa	0.1	0.1	1
煅烧反应器温度/℃	900	900	980
氧化反应器温度/℃	1 100	1 200	1 100
CLP 过程给煤量/(t·h⁻¹)	104.02	122.02	130.2
气化炉给煤量/(t·h⁻¹)	273.75	273.75	273.75
用于煅烧反应器的煤比例/%	27.53	30.83	32.23
燃机发电功率/MWe	469.04	469.04	469.04
汽机发电功率/MWe	548.66	510.51	524.5
氧化反应器后蒸汽循环做功/MWe	0	74.34	186.84
载氧体燃烧空气压缩机耗功/MWe	0	0	174.95
空压机耗功/MWe	85.05	85.05	85.05
CO₂ 压缩单元耗功/MWe	59.03	62.07	28.42
系统供电功率/MWe	854.89	887.68	856.05
系统供电效率(LHV)/%	38.36	38.02	35.93

Case3 与 Case1 相比,煅烧反应器的压力提高到了 1 MPa,相应地,氧化反应器的压力也提高到 1 MPa。此时,煅烧反应器的温度为 980 ℃,同时需要向煅烧反应器中注入 170 t/h 的 1 MPa 的过热蒸汽。氧化反应器压力提高,需增设一个多级空压机将供给氧化反应器的空气压缩到 1 MPa,此空气压缩机的耗功为 174.95 MWe。氧化反应器出口气体首先预热进入煅烧反应器的水蒸气,而后进入空气透平做功,可回收 186.84 MWe 的功,抵消了空气压缩机的耗功。但做功后空气的温度降低为 166 ℃,只能用于产生一部分低压蒸汽。与 Case1 相比,Case3 情况下 CLP 单元的煤耗增加了 26.18 t/h,系统供电功率增加了 1.16 MWe,供电效率降低了 2.44 个百分点。可见从热力性能角度,对 IGCC-CLP 三反应器系统而言,提高煅烧反应器压力对系统是十分不利的。

6.2.3　基于 IGCC-CLP 的制氢系统

CLP 过程及内在碳捕集气化过程在实现 CO_2 捕集的同时,可以产生具有较高氢气纯度的富氢气体,在后续引入 H_2 的提纯装置,可以方便地得到高纯度的 H_2。IGCC-CLP 制氢系统如图 6.20 所示。

与 IGCC-CLP 发电系统相比,制氢系统中碳化反应器出口的气体经冷却后(冷却热量用于产生高、中、低压饱和蒸汽),进入变压吸附制氢(PSA)装置,制取高纯度的 H_2。PSA 过程的尾气进入煅烧反应器燃烧,提供一部分煅烧反应热量。系统中产生的蒸汽首先满足系统自身的蒸汽消耗,多余的部分用于发电。产品 H_2 经压缩机压缩至 10 MPa,CO_2 产品气的压力为 15 MPa。

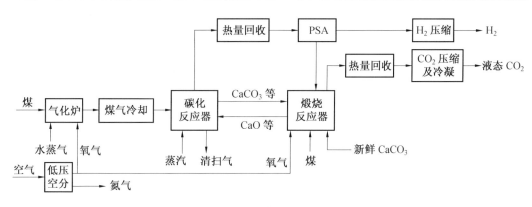

图 6.20 基于 CLP 过程的制氢系统(IGCC-CLP 制氢系统)

本节中的主要目的是制取高纯度的 H_2,进入 PSA 装置的气体中 H_2 的含量越高,PSA 过程 H_2 的回收率越高。表 6.2 所示的 CLP 单元参数设置下,CLP 碳化反应器得到的产物气(干气)中 H_2 的含量达到 95% 以上。本节对制氢系统的分析中,CLP 单元参数设置参考表 6.2。

1. 输运床纯氧气化 IGCC-CLP 制氢系统热力性能

通过系统分析可以得到,基于输运床纯氧气化 IGCC-CLP 制氢系统的能量效率达到 60.23%(表 6.14)。与传统的采用 NHD 过程脱碳的输运床纯氧气化 IGCC-NHD 制氢系统(图 6.21)相比,在同样产 480 t/d 氢气的情况下,IGCC-CLP 系统的能量效率(LHV)比 IGCC-NHD 系统高约 1.9 个百分点。

表 6.14 分别基于 NHD 法及 CLP 法捕集 CO_2 的制氢系统热力性能比较

	IGCC-CLP	IGCC-NHD
系统供煤量/$(kg \cdot h^{-1})$	207.58	177.57
用于煅烧反应器供热的燃料百分比/%	14.79	
CO_2 捕集率/%	100	100
氢气产量/$(t \cdot h^{-1})$	20	20
系统净输出功/MWe	66.40	-60.40
系统第一定律效率(LHV)/%	60.23	58.34

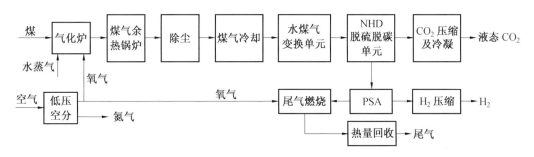

图 6.21 基于 NHD 法脱碳的制氢系统(IGCC-NHD 制氢系统)

由表 6.14 可以看出,IGCC-CLP 制氢系统的供煤量比 IGCC-NHD 制氢系统多约 17%,此部分煤主要用于为 CLP 煅烧反应器提供热量。虽然 IGCC-CLP 系统的煤耗较多,但系统中有更多的余热可以利用。

两种系统的功耗平衡如表 6.15 所示。其中,对 IGCC-CLP 制氢系统,CO_2 捕集及压缩单元耗功包括 NHD 过程捕集的 CO_2 的压缩功及此过程中的吸收剂冷却、压缩等耗功,此外还包括 PSA 尾气燃烧产生的 CO_2 气体的压缩功。两种系统功耗的主要差别在于蒸汽循环的输出功。IGCC-CLP 制氢系统蒸汽循环的输出功不仅能够满足系统厂用电的消耗,而且还能够输出约 66 MWe 的电。相反 IGCC-NHD 制氢系统蒸汽系统的输出功并不能满足系统厂用电的消耗,还需要输入约 60 MWe 的电。

表 6.15　IGCC-CLP 制氢系统及 IGCC-NHD 制氢系统功耗平衡比较

项目	产生/消耗(+/−)	IGCC-CLP	IGCC-NHD
空压机耗功/MWe	−	33.57	26.13
氧压机耗功/MWe	−	9.69	10.17
CO_2 捕集及压缩单元耗功/MWe	−	34.58	32.03
氢气压缩耗功/MWe	−	12.83	12.83
蒸汽轮机输出功/MWe	+	156.9	20.54
系统净输出功/MWe		66.23	−60.40

可见,IGCC-CLP 制氢系统在产生氢气的同时,可联产一部分的电,相当于一个氢电联产系统。相对于 IGCC-NHD 氢电联产系统,假设系统同样联产约 66 MWe 的电,则相当于在目前的制氢系统的基础上,需要多输出约 127 MWe 的电。根据第 5 章的计算结果,基于输运床纯氧气化、NHD 脱碳、9F 燃气轮机基础的 90% 捕集率的 IGCC 捕集电站,系统的净供电效率约为 37.5%。则如果 IGCC-NHD 制氢系统要联产 66 MWe 电,煤耗将增加约 57.41 t/h,此时,IGCC-NHD 氢电联产系统的能量效率(LHV)约为 53.2%,比 IGCC-CLP 氢电联产系统低约 7.1 个百分点。可见,基于 CLP 过程的制氢系统在氢电联产方面具有较大的优势。

2. 不同气化炉下 IGCC-CLP 制氢系统热力性能比较

对基于不同型式气化炉,煤燃烧供热方式的 IGCC-CLP 制氢系统进行分析及比较,如表 6.16 所示。对输运床空气气化系统,由于气化炉产生的煤气中含有大量的 N_2,不适合用于制氢。在相同的制氢量下,基于水煤浆气化的制氢系统联产的电量最多,但其系统的能量效率也最低。输运床纯氧气化与干煤粉气化 IGCC-CLP 制氢系统联产的电量相近,但干煤粉气化系统的能量效率较低。

表 6.16　干煤粉及水煤浆气化 IGCC-CLP 制氢系统热力性能

	输运床纯氧	干煤粉	水煤浆
系统供煤量/($kg \cdot h^{-1}$)	207.58	216.76	236.14
用于煅烧反应器供热的燃料百分比/%	14.79	17.67	16.20
CO_2 捕集率/%	100	100	100
氢气产量/($t \cdot h^{-1}$)	20	20	20
系统净输出功/MWe	66.40	65.26	106.38
系统第一定律效率(LHV)/%	60.23	57.59	55.81
系统第一定律效率(HHV)/%	66.87	63.95	61.51

6.3　基于内在碳捕集气化反应器的系统

同样基于内在碳捕集气化过程也可以用于产生高纯度氢气,或与联合循环结合发电,或为化工行业提供原料气。本节将分别从发电和制氢两个角度进行分析。

6.3.1　基于内在碳捕集气化过程的发电系统

基于内在碳捕集气化过程双反应器及三反应器过程的发电系统的流程示意图如图6.22 及图 6.23 所示。

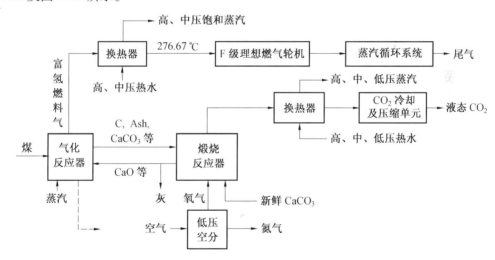

图 6.22　基于内在碳捕集气化双反应器过程的发电系统

气化反应器出口的富氢燃料气经热量回收后,冷却至 276.67 ℃,进入基于 F 级理想燃机的联合循环。煅烧反应器出口的气体经余热回收后,将其中的水冷凝出来,而后经过多级压缩机压缩至 8 MPa,进一步冷却后成为 CO_2 液体,再经 CO_2 压缩泵压缩至 15 MPa。基于双反应器的系统,煅烧反应器的氧气由低压空分提供,基于三反应器的系统,煅烧反应器的氧气由载氧体燃烧过程提供。

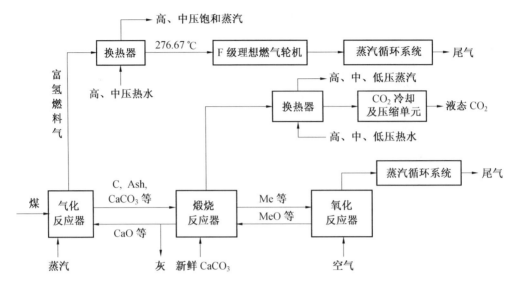

图 6.23　基于内在碳捕集气化三反应器过程的发电系统

1. 内在碳捕集气化发电系统热力性能

文献[127]对内在碳捕集气化过程中碳化反应器温度、压力、水碳比及钙碳比的影响进行了分析。此时水碳比及钙碳比分别指进入气化反应器的水蒸气量及 CaO 量与煤中总碳量的摩尔比。参考文献[127]的敏感性分析的结果，内在碳捕集气化双反应器发电系统反应器单元的参数设置如表 6.17 所示。

表 6.17　内在碳捕集气化发电系统主要参数设置

项目	双反应器系统	三反应器系统
气化反应器压力/MPa	3	3
气化反应器温度/℃	650	650
气化反应器汽碳比	3	2.5
气化反应器钙碳比	0.8	0.7
煅烧反应器压力/MPa	0.1	0.1
煅烧反应器温度/℃	900	900
煅烧反应器过量氧气系数	1.1	—
氧化反应器压力/MPa	—	0.1
氧化反应器温度/℃	—	1 100
氧化反应器过量空气系数	—	1.2

其中，双反应器系统中气化反应器进口的水碳比为 3，钙碳比为 0.8。保证双反应器及三反应器系统中气化反应器出口气体成分相近，则三反应器系统中气化反应器进口的水碳比为 2.5，钙碳比为 0.7。在内在碳捕集气化双反应器系统中，气化炉的碳转化率为66.1% 时，未反应器碳的燃烧即可为煅烧反应器提供分解所需的热量。在三反应器系统中，由于氧化反应器的引入，除煅烧反应器中 $CaCO_3$ 分解的热量外，需要额外的焦炭作为

载氧体的燃烧过程的燃料。因此,为了满足煅烧反应器及氧化反应器的总能量平衡,三反应器系统中气化炉的碳转化率为 54.7%,低于双反应器系统。也正是因为由于需提供因氧化反应器的引入引起的额外燃料的需要,三反应器系统的耗煤量大于双反应器系统。

内在碳捕集气化双反应器及三反应器发电系统的热力性能如表 6.18 所示。由表中可以看出,与双反应器系统相比,由于三反应器系统取消了空分单元,系统的厂用电明显降低。氧化反应器引入后,氧化反应器出口高温空气中含有较多的热量,此部分热量首先用于预热进入氧化反应器的空气,剩余的热量通过余热回收产生蒸汽发电,三反应器系统的蒸汽循环输出功大于双反应系统。三反应器系统的输出功高于双反应器系统,但煤耗也相对较高,综合而言,三反应器系统的供电效率比双反应器系统低不到 0.01 个百分点,两者相近。

表 6.18　基于内在碳捕集气化过程发电系统的热力性能

	双反应器系统	三反应器系统
系统供煤量/(t·h⁻¹)	197.08	230.03
CO₂ 捕集率/%	96.80	96.64
气化炉碳转化率/%	66.10	54.70
系统供电效率(LHV)/%	42.71	42.71
燃气轮机输出功/MWe	381.26	380.51
蒸汽轮机输出功/MWe	181.82	246.71
CO₂ 压缩单元耗功/MWe	31.75	36.94
系统供电功率/MWe	496.56	579.50
系统供电煤耗/(kg·MW·h⁻¹)	396.89	396.94
CO₂ 排放/(kg·MW·h⁻¹)	25.28	25.50

2. 煅烧反应器压力的影响

煅烧反应器压力为 1 MPa 时,基于两种反应器发电系统的热力性能如表 6.19 所示。对三反应器系统,煅烧反应器压力提高的同时,需提高氧化反应器压力,相应地需要增设空气压缩机。

煅烧反应器压力的升高使得反应器温度也要相应升高,在 1 MPa 的压力下,两种反应器系统中气化反应器的碳转化率均需进一步降低才能满足煅烧反应器的能量需求。双反应器系统下,煅烧反应器压力由 0.1 MPa 提高至 1 MPa 时,系统的供煤量增加了 24.85 t/h,且煅烧反应器中需注入约 294.41 t/h 的 1 MPa 过热水蒸气。较煅烧反应压力为 0.1 MPa 的系统,煅烧反应器压力为 1 MPa 时,系统的供电效率降低了 3.33 个百分点。三反应器系统下,煅烧反应器压力由 0.1 MPa 提高至 1 MPa 时,系统的供煤量增加了 22.57 t/h,煅烧反应器需注入约 152.51 t/h 的 1 MPa 的过热蒸汽,系统的供电效率降低了 4.72 个百分点。可见,煅烧反应器的压力升高,对内在碳捕集气化双反应器及三反应器系统均会造成不利的影响,对三反应器系统的影响尤为明显。

表 6.19　煅烧反应器压力为 1 MPa 时内在碳捕集气化发电系统热力性能

	双反应器系统	三反应器系统
煅烧反应器压力/MPa	1	1
系统供煤量/(t·h^{-1})	221.93	252.60
CO_2 捕集率/%	97.24	96.96
气化炉碳转化率/%	57.65	45.90
系统供电效率(LHV)/%	39.39	37.99
燃气轮机输出功/MWe	383.93	381.00
蒸汽轮机输出功/MWe	200.25	359.02
CO_2 压缩单元耗功/MWe	15.46	17.41
系统供电功率/MWe	515.62	566.00
系统供电煤耗/(kg·MW·h^{-1})	430.42	446.29
CO_2 排放/(kg·MW·h^{-1})	22.72	26.00

3. 水碳比的影响

对基于双反应器的内在碳捕集气化系统,不同水碳比下,进入燃机的富氢燃料气的成分及热值变化如表 6.20 所示,随着水碳比的降低,燃料气中 CH_4 的含量逐渐升高,H_2O 的含量逐渐降低。燃料气的热值随着水碳比的降低而逐渐升高。

表 6.20　不同水碳比下系统进入燃机的燃料气成分

水碳比	3	2.5	2	1.5	1
CO	0.000 2	0.000 2	0.000 3	0.000 4	0.000 7
H_2	0.442 9	0.498 6	0.555 7	0.597 7	0.563 5
CO_2	0.000 4	0.000 4	0.000 4	0.000 4	0.000 4
CH_4	0.009 0	0.018 6	0.041 4	0.098 3	0.267 2
N_2	0.002 6	0.003 1	0.003 8	0.005 1	0.008 1
H_2S	0.000 177	0.000 155	0.000 129	0.000 097	0.000 052
H_2O	0.544 7	0.479 0	0.398 3	0.298 0	0.160 0
HHV/(kcal·h^{-1})	2 513.55	3 246.56	4 433.33	6 454.84	9 838.14

不同水碳比下系统的热力性能如表 6.21 所示。可以看出,随着系统水碳比的降低,系统的供电效率逐渐升高,而系统的 CO_2 捕集率逐渐降低,单位供电 CO_2 排放量逐渐升高。同时,随着水碳比的降低,在保证煅烧反应器能量需求的前提下,气化过程的碳转化率逐渐升高,水碳比为 3 时,气化过程碳转化率为 66.1%,水碳比为 1 时,碳转化率为 74.8%。同样可以看到,随着水碳比的降低,自蒸汽循环抽取的蒸汽量减少,蒸汽轮机输出功的供电比例增加。水碳比为 3 时,蒸汽轮机的输出功占系统总输出功的 32.3%。水碳比为 1 时,蒸汽轮机输出功占系统总输出功的比例提高至 43.3%。

表 6.21　不同水碳比下系统热力性能

水碳比	3	2.5	2	1.5	1
系统供煤量/$(t \cdot h^{-1})$	197.08	184.35	170.69	160.92	153.82
CO_2 捕集率/%	96.80	94.63	90.40	83.03	70.79
气化炉碳捕集率/%	66.10	66.90	68.30	70.70	74.80
系统供电效率(LHV)/%	42.71	43.18	44.45	45.58	46.82
燃气轮机输出功/MWe	381.26	343.42	312.01	285.45	263.47
蒸汽轮机输出功/MWe	181.82	186.55	189.97	195.12	201.28
CO_2 压缩单元耗功/MWe	31.75	28.70	25.64	22.21	18.01
系统供电功率/MWe	496.56	469.53	447.55	432.69	424.81
系统供电煤耗/$(kg \cdot MW \cdot h^{-1})$	396.89	392.63	381.38	371.90	362.09
CO_2 排放/$(kg \cdot MW \cdot h^{-1})$	24.28	40.38	70.06	120.84	202.48

6.3.2　基于内在碳捕集气化过程的制氢系统

文献[127]基于内在碳捕集气化过程建立了三种制氢系统流程:碳部分转化系统(Carbon Partial Conversion System,CPC)、加氢气化重整系统(Hydrogasification and Reforming System,HAR)和尾气燃烧供热系统(Tail Gas Combustion System,TGC)。其中,CPC系统即基于内在碳捕集气化双反应器及换热装置的制氢系统,HAR 系统与 CPC 系统相比,在 CPC 两个反应器的基础上加入了脱硫反应器和重整反应器。与 CPC 系统不同的是,HAR 系统的气化炉中发生的是煤的加氢气化反应,H_2 的产生主要发生在重整反应器。TGC 系统与 CPC 系统在反应器构成上非常相似,不同的是,TGC 系统的气化炉中煤完全气化,气化后的气体经过 PSA 装置,将气体中的 H_2 分离出来作为高纯度的产品 H_2,分离后的尾气作为燃料气供入煅烧反应器作为吸收剂再生所需热量的来源。研究表明三种系统的产品气均可满足一个要求,即干气体中氢气含量大于 95%,甲烷小于 4%,CO 和 CO_2 的总量小于 0.5%,并且其中的硫含量是在 1×10^{-5} 以下。其中 TGC 系统中,由于采取了 PSA 装置,得到的产品气体的氢气含量达到了 99% 以上,三种系统中 CPC 系统中气化炉的冷煤气效率最高,HAR 系统的等效发电效率最高,而 TGC 系统的产品气的纯度最高。以制取高纯度的 H_2(>99%)为目标,集合 CPC 系统和 TGC 系统的优点,建立如图 6.24 及图 6.25 所示的基于内在碳捕集气化双反应器及三反应器的制氢系统。

首先,煤在气化反应器中部分气化,气化剂为水蒸气,气化反应器中未反应的碳随 $CaCO_3$ 等进入煅烧反应器进行燃烧,为煅烧反应器提供热量。气化反应器的产物(富氢燃料气)经过余热回收及冷凝过程后,进入 PSA 单元,其中 95% 的 H_2 被分离出来,经氢气压缩机压缩至 10 MPa。PSA 过程的尾气进入煅烧反应器燃烧,为 $CaCO_3$ 的分解反应提供一部分的热量。煅烧反应器出口的气体(主要是 CO_2 和 H_2O)经余热回收、冷凝等过程后进入 CO_2 压缩单元,经过多级压缩机压缩至 8 MPa 后,经过冷却成为液态 CO_2,再由 CO_2 压缩泵压缩至 15 MPa。保证系统 H_2 的产量为 480 t/d。图 6.24 所示系统中,空分过程采用低压空分,空分产生的 N_2 放空。图 6.25 系统采用载氧体传输过程为煅烧反应器提供氧气,载氧体采用 Ni/NiAl₂O₄。系统流程中气体的余热主要用于产生气化过程中所需的压力为 4 MPa 的水蒸气,多余的热量产生的蒸汽通过蒸汽轮机做功,用于供应系统中的厂用电的消耗,不足的部分由外部电源提供。

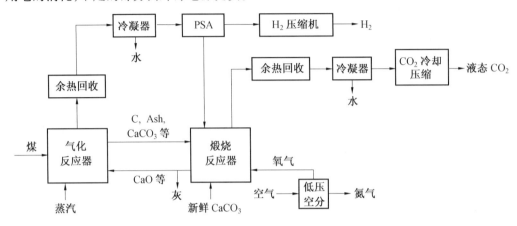

图 6.24　基于内在碳捕集气化双反应器的制氢系统

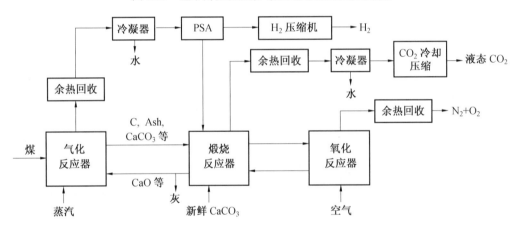

图 6.25　基于内在碳捕集气化三反应器的制氢系统

气化反应器参数的设置如表 6.22 所示。与发电系统相比,由于制氢系统中 PSA 过程的尾气在进入煅烧反应器燃烧产生一部分水分,降低了煅烧反应器中 CO₂ 的分压,煅烧反应器温度为 850 ℃时,即可实现 CaCO₃ 的完全分解。设定两种类型系统中气化炉进口的水碳比及钙碳比相同。

在此设置下,气化反应器出口的气体干气中 H₂ 的含量均在 90% 以上。两系统的热力性能如表 6.23 所示。由表中可以看出,两种系统在气化炉进口水碳比相同时,双反应器制氢系统的能量效率比三反应器系统高约 3.2 个百分点。原因之一是,尽管三反应器系统取消了空分单元,减少了系统的厂用电,但三反应器系统中,需要增加一部分煤作为载氧体燃烧的燃料,从而增加了系统的总煤耗。原因之二是由于两种反应器系统在相同水碳比设置下,气化反应器水蒸气的耗量不同造成的。与双反应器系统相比,三反应器系统由于需要额外为载氧体燃烧反应器提供燃料,系统中气化反应器的碳转化率较低。制氢相同的氢气时,三反应器系统气化单元的供煤量较多,气化反应器的蒸汽耗量较大。三反应器系统中气化反应器出口富氢气体的流量及气体中水蒸气的含量较高如表 6.24 所示。尽管三反应器系统中气化炉出口富氢气体进入 PSA 单元前降温过程可回收的热量大于双反应器系统,但并不足以弥补气化反应水蒸气耗量较多造成的损失。

表6.22 内在碳捕集气化双反应器及三反应器制氢系统主要参数设置

项目	双反应器系统	三反应器系统
气化反应器压力/MPa	3	3
气化反应器温度/℃	650	650
气化反应器汽碳比	3	3
气化反应器钙碳比	0.8	0.8
煅烧反应器压力/MPa	0.1	0.1
煅烧反应器温度/℃	850	850
煅烧反应器过量氧气系数	1.1	—
氧化反应器压力/MPa	—	0.1
氧化反应器温度/℃	—	1 100
氧化反应器过量空气系数	—	1.2

表6.23 内在碳捕集气化制氢系统热力性能

项目	双反应器系统	三反应器系统
系统煤耗/($t \cdot h^{-1}$)	149.45	164.83
气化炉碳转化率/%	76.30	65.80
制氢量/($t \cdot h^{-1}$)	20.00	20.00
H_2 压缩单元耗功/MWe	12.38	12.38
CO_2 压缩单元耗功/MWe	25.46	27.97
空气压缩机耗功/MWe	19.51	—
蒸汽透平做功/MWe	8.56	24.94
系统净输出功/MWe	−48.79	−15.41
系统能量效率(LHV)/%	70.59	67.43

表6.24 气化反应器出口气体成分

	双反应器系统	三反应器系统
CO	0.000 2	0.000 2
H_2	0.482 6	0.435 6
CO_2	0.000 4	0.000 5
CH_4	0.015 1	0.010 5
N_2	0.002 6	0.002 6
H_2S	0.000 2	0.000 2
H_2O	0.498 9	0.550 3

虽然在气化炉进口水碳比及钙碳比相同的情况下,三反应器制氢系统的热力性能比双反应器系统略差,但是三反应器系统取消了空分单元,在经济性方面有望具有一定的优势。

6.4　不同发电系统的比较

本节将在统一基准下,对 IGCC-NHD 发电系统、IGCC-CLP 发电系统、内在碳捕集气化双反应器及三反应器发电系统进行比较。

6.4.1　IGCC 基准电站及 IGCC-NHD 电站

选取输运床纯氧气化 IGCC 电站为基准电站,同样采用低压独立空分,F 级理想燃机,其余各单元的技术选择与第 5 章中系统相同。在本章中,系统的 CO_2 捕集率定义为 CO_2 分离单元捕集的 CO_2 与系统进口煤中的总碳量之比。对基于 NHD 过程的 IGCC 捕集电站,为了实现 90% 的碳捕集率,CO_2 吸收单元的吸收率需达到 94%。基于输运床纯氧气化的 IGCC 基准系统及 IGCC-NHD 系统的性能如表 6.25 所示。可见,IGCC 基准系统采用 NHD 法捕集 CO_2 后,供电效率降低了约 8.6 个百分点,这与第 5 章中系统效率降低 8 个百分点相比有所增加,主要原因是两章中系统 CO_2 捕集率的定义不同。

表 6.25　分别基于 CLP 及 NHD 过程吸收 CO_2 的 IGCC 捕集电站系统性能比较

	IGCC	IGCC-NHD
CO_2 捕集率/%	0	89.96
系统供电效率(LHV)/%	45.53	36.96
系统供电功率/MWe	438.28	364.14
系统总煤耗/(t·h⁻¹)	163.20	167.02
燃气轮机发电功率/MWe	294.53	282.32
汽轮机发电功率/MWe	192.20	155.37
厂用电率/%	9.95	16.80
系统供电煤耗/(kg·MW·h⁻¹)	372.35	458.67
系统 CO_2 排放/(kg·MW·h⁻¹)	695.52	88.12

6.4.2　不同系统的热力性能

与常规的采用低温湿法捕集 CO_2 的 IGCC-NHD 系统相比,IGCC-CLP 实现了在较高温度下捕集 CO_2 的目的,并可将水煤气变换过程及 CO_2 吸收过程集成在一个反应器中,边变换边吸收,可大大提高 CO 的转化率。内在碳捕集气化双反应器系统在 IGCC-CLP 系统的基础上,与气化过程相结合,实现了在气化过程中捕集 CO_2,大大提高了系统的能量集成度和利用率。内在碳捕集气化三反应器系统则在双反应器系统的基础上,通过载氧体为煅烧炉中焦炭的燃烧供氧,从而取消了空分单元。对 IGCC-NHD、IGCC-CLP 及内在碳捕集气化发电系统,以 90% 捕集率的 IGCC-NHD 系统单位供电 CO_2 排放量为基准

$(88.12\ \text{kg/MW·h})$，对不同系统的热力性能进行分析和比较。对 IGCC-CLP 及内在碳捕集气化系统，通过调节水碳比的方式实现目标 CO₂ 排放标准。

在相近的单位供电 CO₂ 排放量下，不同系统的热力性能结果如表 6.26 所示。此时，IGCC-CLP 系统中，CLP 单元碳化反应器进口的水碳比为 1.6；内在碳捕集气化双反应器及三反应器系统气化反应器进口的水碳比分别为 1.8 及 1.5，气化反应器的碳转化率分别为 69.0% 及 58.3%。

表 6.26　不同系统热力性能比较

	IGCC-NHD	IGCC-CLP	内在碳捕集（双反应器）	内在碳捕集（三反应器）
CO₂ 捕集率/%	89.96	89.49	88.19	88.45
系统供电效率(LHV)/%	36.96	40.00	44.74	44.57
系统供电功率/MWe	364.14	525.74	440.11	504.90
系统总煤耗/(t·h⁻¹)	167.02	222.81	166.74	192.04
燃气轮机发电功率/MWe	282.32	293.87	301.48	300.22
汽轮机发电功率/MWe	155.37	325.35	190.69	242.10
系统供电煤耗/(kg·MW·h⁻¹)	458.67	423.79	378.87	380.35
CO₂ 排放/(kg·MW·h⁻¹)	88.12	88.26	87.69	88.08
NOₓ 排放,mg/(N·m³(@16%O₂))	659	126	118	120

对于同样对煤气中的碳进行捕集的 IGCC-NHD 及 IGCC-CLP 系统而言，由于 CO₂ 捕集方法及原理的不同，系统的热力性能大大不同。IGCC-CLP 系统的供电效率比 IGCC-NHD 系统高约 3 个百分点。对 IGCC-CLP 系统，碳化反应器是一个放热反应器，产生的热量可用于产生蒸汽。且碳化反应器及煅烧反应器的操作温度均较高，碳化反应器出口的气体进入燃气轮机前，以及煅烧反应器出口的富 CO₂ 气体在进入 CO₂ 压缩单元前的冷却过程有大量的余热可以利用。碳化反应器出口的燃料气从 650 ℃ 经余热回收后冷却到 276.67 ℃ 进入到燃气轮机燃烧室，其间能量损失较少。相对而言，对 IGCC-NHD 系统，WGS 单元的变换气在进入 NHD 脱硫脱碳单元前，需冷却至 38 ℃，脱碳后气体经湿化后，在进入燃气轮机燃烧室前需预热至 276.67 ℃，整个过程不仅流程复杂，而且会产生较大的能量损失。

两种系统的输出功及功耗分布的比较如表 6.27 所示。由表中可以看出两系统的厂用电消耗比例是相近的，而总发电量的构成来看，对 IGCC-CLP 系统，52.54% 的发电量来自于蒸汽轮机，对 IGCC-NHD 系统，此比例为 35.50%，这也是产生系统效率差异的主要原因。

与传统的气化过程相比，内在碳捕集气化过程是将气体的生产、分离和反应的吸热、放热集成在一个反应器中。在单位供电 CO₂ 排放量相近的情况下，内在碳捕集气化双反应器及三反应器系统的供电效率比 IGCC-CLP 系统分别高 4.7 及 4.6 个百分点，比 IGCC-NHD 系统分别高 7.7 及 7.6 个百分点。

表 6.27 基于 CLP 及 NHD 系统的输出功及功耗分布

	IGCC-NHD	IGCC-CLP
燃气轮机输出功/MWe	282.32	293.87
蒸汽轮机输出功/MWe	155.37	325.35
系统发电量/MWe	437.69	619.22
空压机耗功/MWe	19.24	38.99
氧压机耗功/MWe	10.11	10.16
CO_2 捕集及压缩单元耗功/MWe	26.14	32.78
总厂用电/MWe	73.55	93.48
系统净输出功/MWe	364.14	525.74
系统厂用电率/%	16.80	15.10
蒸汽轮机发电比例/%	35.50	52.54

　　表 6.26 中还给出了不同系统 NO_x 排放的情况,可以看出,IGCC-CLP 及内在碳捕集气化系统的 NO_x 的排放量远低于 IGCC-NHD 系统,这主要是由于进入燃机的燃料气成分的差异造成的。不同系统进入燃气轮机单元的燃料气成分及热值如表 6.28 所示。

表 6.28 不同系统燃机进口气体成分及热值

	IGCC-NHD	IGCC-CLP	内在碳捕集（双反应器）	内在碳捕集（三反应器）
CO	0.010 9	0.000 5	0.000 3	0.000 4
H_2	0.760 0	0.583 7	0.574 2	0.562 5
CO_2	0.025 7	0.000 6	0.000 4	0.000 5
CH_4	0.018 9	0.073 6	0.056 0	0.064 5
N_2	0.014 6	0.004 6	0.004 2	0.005 0
H_2S	6.8×10^{-5}	1.34×10^{-4}	1.19×10^{-4}	1.46×10^{-4}
H_2O	0.170 0	0.336 0	0.364 8	0.367 0
LHV/$(kcal \cdot kg^{-1})$	7 188.42	5 602.55	5 039.58	5 043.45

　　燃气轮机中 NO_x 的排放限制,通常通过燃料湿化、注蒸汽或注 N_2 的方式实现,当空分过程产生的 N_2 不回注时,燃料气中水蒸气的含量越高,燃机 NO_x 的排放越少。对 IGCC-NHD 系统,NHD 单元出口的燃料气温度较低,且其中几乎不含有水分,燃料气回收系统中的低温余热,通过湿化器进行加湿,而后经预热后进入燃气轮机,进燃机燃料气中的水蒸气的含量仅有 17%。而对 IGCC-CLP 及内在碳捕集气化系统,CLP 单元及内在碳捕集气化单元出口的燃料气温度较高(650 ℃),气体中已含有较多的水分,且燃料气进入燃气轮机前,降温过程无水分的析出,进燃机的燃料气中的水蒸气的含量达到 30% 以上,若提高 CLP 单元及内在碳捕集气化中气化炉进口的水碳比,燃料气中水蒸气的含量将

更高。

选取基于输运床纯氧气化的 IGCC 系统为基准,将 IGCC-NHD、IGCC-CLP 及内在碳捕集气化双反应器及三反应器发电系统分别折算成与 IGCC 基准系统相同供煤量,比较不同捕集方式下系统的 CO_2 减排能耗。具体数据如表 6.29 所示。可见,对 ICCC-NHD、IGCC-CLP、内在碳捕集气化双反应器及三反应器系统,减排单位质量的 CO_2,分别耗电 301.61 kW·h、195.60 kW·h、28.15 kW·h 及 34.29 kW·h,内在碳捕集气化系统表现出了较大的优势。

表 6.29　不同电站 CO_2 减排能耗比较

	IGCC	IGCC-NHD	IGCC-CLP	内在碳捕集 (双反应器)	内在碳捕集 (三反应器)
供煤量/(t·h^{-1})	163.20	163.20	163.20	163.20	163.20
供电功率/MWe	438.28	355.80	385.08	430.74	429.07
CO_2 排放量/(kg·h^{-1})	304 836	31 354	32 834	36 908	36 074
供电功率降低/MWe	—	82.49	53.20	7.54	9.22
CO_2 减排量/(kg·h^{-1})	—	273 482	272 002	267 928	268 762
CO_2 减排能耗/(kW·h·kg^{-1})	—	301.61	195.60	28.15	34.29

通过以上的比较,可以认为,对 IGCC 中气化炉产生的煤气中的碳进行捕集时,采用 CLP 过程比常规的 NHD 过程,减排单位 CO_2 的能耗更少,是一种较好的高温 CO_2 捕集方式的选择。而基于内在碳捕集气化过程的系统,直接在气化过程中将煤中的碳进行捕集,系统的供电效率高,CO_2 排放量少,是一种具有较大发展前景的新型煤基近零系统。

6.5　基于钙基吸收剂发电系统的经济性评价

通过 6.4 节对不同类型发电系统的比较,证实了基于钙基吸收剂的 IGCC-CLP 及内在碳捕集气化发电系统与目前基于常规 NHD 工艺的 IGCC-NHD 系统相比,在热力性能上的优势。此外,还需对新系统的经济性进行评估。

6.5.1　经济性评价方法

对 CLP 过程及内在碳捕集气化反应器而言,尚处于理论研究或实验室研究的水平,在目前阶段很难对其投资进行预测。本节中对 CLP 单元及内在碳捕集气化单元将不给予确定的投资,分析其投资的变化对系统发电成本的影响,通过与目标发电成本的比较,得到系统的成本低于目标发电成本时的关键单元临界投资。

对 IGCC-CLP 系统进行经济性分析的具体操作是,在第 4 章中建立的 IGCC 捕集电站的技术经济性评价平台上进行相应的修改,使之适用于本章的经济性分析。主要的修改部分是单元部件的投资成本预测模型、各单元的预备费比例以及发电成本构架中的运行维护成本构成,其余的部分不做修改。对本章中采用的可灵活燃烧不同热值燃料的 F 级理想燃气轮机,假设其投资成本的变化与目前天然气燃气轮机的投资随燃机输出功的变化趋势一致,仍采用第 3 章中建立的燃气轮机投资成本预测模型进行预测。

对 IGCC-CLP 系统,主要单元包括供煤、气化、CLP 过程、燃气轮机、余热锅炉、蒸汽轮机、CO_2 压缩以及其他的公用工程设备。基于此,对原有的 IGCC 捕集电站经济性评价平台,保留供煤、气化、燃气轮机、余热锅炉、蒸汽轮机单元,取消净化、WGS、脱硫脱碳、硫回收等单元,同时增加 CLP 单元。需要说明的是,CLP 单元不仅包括 CLP 过程反应器本身,还包括其出口气体余热回收过程的换热器等相关设备的投资,不包括供煤单元的投资,此部分与气化单元的供煤单元合计。保留的各单元中,CO_2 压缩单元采用基于 MDEA 法脱碳的 CO_2 压缩单元的投资成本预测模型,其余各单元保持不变。发电成本的计算中,运行维护成本取消原有的 WGS 催化剂消耗、NHD 单元吸收剂消耗产生的成本,增加 CLP 单元 $CaCO_3$ 消耗的成本。$CaCO_3$ 的损耗比例及补充比例为总量的 3%,此部分损耗主要是 $CaSO_4$、$CaCl_2$ 等,以及一些活性降低的 $CaCO_3$。假设此部分固体售于水泥或混凝土生产厂,售价为 60 元/t,补充的新鲜 $CaCO_3$ 的成本假设为 300 元/t。其他经济性假定,如贷款比例、银行利率、折现率、折旧年限等均不改变。

对关键单元及未来技术设备预备费的计提比例,根据 EPRI 的推荐,按较保守的标准选取,燃气轮机单元的设备预备费率设为 70%,CLP 单元及内在碳捕集气化单元的设备预备费率分别设为 70% 和 90%,其他单元计提比例不变。本章的分析中,对相关经济性参数的选取均较为保守,得到的临界投资的结果也相对保守,可为关键单元的发展提供经济性方面的参考。

6.5.2　目标发电成本的确定

分别选取基于输运床纯氧气化的 IGCC-NHD 电站、PC-MEA 电站(采用 MEA 法捕集 CO_2 的常规 PC 电站)、IGCC 及 PC 基准电站的发电成本作为目标发电成本。其中,IGCC 基准电站及 IGCC-NHD 电站对应 5.4 节中分析的方案。PC 基准电站及 PC-MEA 电站对应第 5 章中的 600 MWe 超临界燃煤电站。

基于 5.4 节 IGCC 及 IGCC-NHD 电站的热力性能相关参数,计算得到 IGCC 基准电站及 IGCC-NHD 电站的发电成本分别为 425 元/(MW·h) 及 543 元/(MW·h)。PC 基准电站及 PC-MEA 电站的发电成本分别为 287 元/(MW·h) 及 496 元/(MW·h)。

6.5.3　输运床纯氧气化 IGCC-CLP 系统关键单元临界投资

选取输运床纯氧气化 IGCC-CLP 系统为基准,通过对 CLP 单元的投资成本进行敏感性分析,可以得到 IGCC-CLP 系统的发电成本分别与 IGCC-NHD 系统及 PC 捕集系统的发电成本相同时的临界投资(图 6.26)。

通过图 6.26 可以看出,IGCC-CLP 系统的发电成本随着 CLP 单元的投资成本的升高而降低,IGCC-CLP 系统的发电成本分别低于 IGCC-NHD 及 PC-MEA 系统时,CLP 单元的临界投资分别为 150 577 万元及 88 734 万元。

对 IGCC-CLP 系统而言,CLP 单元相当于集成了 IGCC-NHD 系统中的 WGS 单元、NHD 单元及 CO_2 压缩单元。这里分析的输运床纯氧气化 IGCC-CLP 系统的总煤耗为 222.81 t/h。根据第 3 章中建立的 WGS 单元及 NHD 单元的投资成本预测模型得到,相同供煤量的 IGCC-NHD 系统中 WGS 单元及 NHD 单元的投资之和约为 44 197 万元。则以上得到的 IGCC-CLP 系统中,CLP 单元的临界投资分别相当于 IGCC-NHD 系统中 WGS

单元及 NHD 单元投资和的 3.4 倍及 2 倍。即说明，若 IGCC-CLP 系统中，CLP 单元的投资控制在相同供煤量的 IGCC-NHD 系统中 WGS 单元及 NHD 单元投资和的 3.4 倍之内，则 IGCC-CLP 系统的发电成本将低于 IGCC-NHD 系统。控制在 2 倍之内，则 IGCC-CLP 系统的投资将低于 PC-MEA 系统的发电成本。

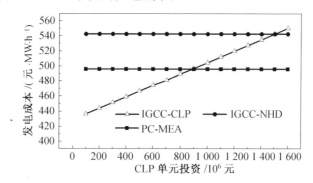

图 6.26　IGCC-CLP 发电成本随 CLP 单元投资成本变化的变化

6.5.4　内在碳捕集气化发电系统关键单元临界投资

内在碳捕集气化双反应器及三反应器发电系统，反应器单元投资变化时，系统发电成本的变化如图 6.27 所示。

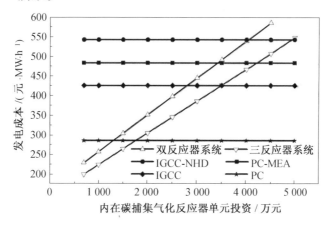

图 6.27　内在碳捕集气化反应器单元投资对系统发电成本的影响

由图 6.27 可以看出，内在碳捕集气化双反应器系统发电成本分别低于 IGCC-NHD 及 PC-MEA 时，双反应器单元的临界投资分别为 404 682 万元及 354 677 万元。对内在碳捕集气化双反应器发电系统，系统的供煤量为 166.74 t/h。根据第 3 章中建立的基于废锅流程的输运床纯氧气化炉投资成本预测模型得到，相同供煤量下，输运床纯氧气化炉的投资为 52 316 万元。则以上得到的各内在碳捕集气化双反应器单元临界投资分别相当于相同供煤量的输运床纯氧气化炉投资的 7.7 及 6.8 倍。

对内在碳捕集气化三反应器发电系统，系统的发电成本分别低于 IGCC-NHD 及 PC-MEA 时的反应器单元临界投资分别为：494 271 万元及 436 305 万元。内在碳捕集气化三反应器发电系统的供煤量为 192.04 t/h。相同供煤量下，输运床纯氧气化炉的投资为

56 540 万元。则以上得到的各内在碳捕集气化三反应器单元临界投资分别相当于相同供煤量的输运床纯氧气化炉投资的 8.7 及 7.7 倍。

继续控制双反应器及三反应器单元的投资,则内在碳捕集气化发电系统的发电成本可分别达到 IGCC 及 PC 基准电站发电成本的水平。当内在碳捕集气化双反应器及三反应器单元的投资分别低于 279 113 万元及 348 790 万元时,系统的发电成本将低于 IGCC 基准电站的发电成本。此时,内在碳捕集气化双反应器及三反应器的临界投资分别相当于相同供煤量的输运床纯氧气化炉投资的 5.3 和 6.7 倍。

双反应器及三反应器单元的投资分别低于 132 458 万元和 176 123 万元时,系统的发电成本将低于 PC 基准电站的发电成本。此时内在碳捕集气化双反应器及三反应器的临界投资分别相当于相同供煤量的输运床纯氧气化炉投资的 2.5 和 3.2 倍。即若内在碳捕集气化双反应器及三反应器单元的吨煤投资分别不超过输运床气化炉单元吨煤投资的 2.5 和 3.2 倍,则内在碳捕集气化发电系统将比 PC 基准电站更具技术经济优势。

6.6　本章小结

本章构建了 IGCC-CLP 及内在碳捕集气化发电系统,分析了关键过程及参数对系统热力性能的影响。在统一基准下与 IGCC-NHD 发电系统进行了比较。对 IGCC-CLP 及内在碳捕集气化发电系统,分析了关键单元投资对系统发电成本的影响。此外,分析了以 IGCC-CLP 及内在碳捕集气化制氢系统的热力性能。本章主要结论如下:

(1) IGCC-CLP 发电系统关键过程及参数影响:

① IGCC-CLP 系统中,采用富氢燃料气分流燃烧的方式为煅烧反应器供热时,系统的供电效率较采用煤直接燃烧及煤气分流燃烧方式时分别低 4.4 及 4 个百分点。

② 从系统热力性能的角度而言,CLP 单元的煅烧反应器宜在常压下运行。对输运床纯氧 IGCC-CLP 系统,煅烧反应器的压力由 0.1 MPa 提高到 1 MPa 时,系统的供电效率降低了约 0.78 个百分点。

③ 在单位供电 CO_2 排放量相近的前提下,输运床空气气化的 IGCC-CLP 双反应器系统的供电效率分别比输运床纯氧、干煤粉及水煤浆气化 IGCC-CLP 系统高 0.06、1.78 及 2.09 个百分点。

④ 对输运床空气气化 IGCC-CLP 系统,CLP 单元采用三反应器配置时,系统的供电效率比双反应器系统降低了约 0.66 个百分点。同样,三反应器系统中的碳化反应器及氧化反应器宜在常压下运行。

⑤ 对输运床空气气化 IGCC-CLP 三反应器系统,尽管氧化反应器中载氧剂可承受的最高温度为 1 200 ℃,但在保证反应器系统能量平衡的情况下,适当降低氧化反应器的温度(1 100 ℃),可减少 CLP 单元的供热煤耗,系统的供电效率可提高约 0.34 个百分点。

(2) 内在碳捕集气化发电系统关键过程及参数影响:

① 内在碳捕集气化三反应器发电系统的供电效率比双反应器系统低不到 0.01 个百分点。

② 煅烧反应器的压力由 0.1 MPa 提高到 1 MPa 时,内在碳捕集气化双反应器及三反应器系统的供电效率分别降低了约 3.33 及 4.72 个百分点。

对 IGCC-CLP 及内在碳捕集气化发电系统,碳化反应器及气化反应器入口的水碳比越低,系统供电效率越高,但同时系统单位供电 CO_2 排放量越多。对内在碳捕集气化系统,在满足煅烧反应器单元能量需求的基础上,水碳比越低,气化反应器的碳转化率越高。

(3)不同发电系统的比较:

在单位供电量 CO_2 排放相同的前提下,内在碳捕集气化发电系统的供电效率分别比基于输运床纯氧气化的 IGCC-CLP 系统及 IGCC-NHD 系统高约 4.7 及 7.7 个百分点;与 IGCC-NHD 系统相比,IGCC-CLP 系统及内在碳捕集气化系统燃机进口燃料气中水蒸气含量已经较高,无须再对气体进行湿化,这对燃机 NO_x 的排放有利。

(4)基于 IGCC-CLP 及内在碳捕集气化过程的制氢系统热力性能:

①氢气产量相同时,IGCC-CLP 制氢系统的能量效率比 IGCC-NHD 制氢系统高 1.9 个百分点。此外,IGCC-CLP 制氢系统则可副产一部分电能,相当于一个氢电联产系统。在产生同样的氢气,联产相同电量的情况下,IGCC-CLP 系统的能量效率比 IGCC-NHD 系统高约 7.1 个百分点。

②基于不同气化技术的 IGCC-CLP 制氢系统的比较表明,制取同样多的氢气时,水煤浆气化 IGCC-CLP 系统联产的电量最多,但能量效率最低,输运床纯氧气化系统的能量效率最高,其次是干煤粉气化系统。

③内在碳捕集气化双反应器及三反应器制氢系统中均需供给一部分的电能,三反应器系统的电需求量小于双反应器系统。双反应器及三反应器制氢系统的能量效率分别为 70.59% 及 67.43%,比基于输运床纯氧气化的 IGCC-CLP 制氢系统分别高 10.4 及 7.2 个百分点。

(5)发电系统关键单元临界投资分析:

对基于输运床纯氧气化 IGCC-CLP 及内在碳捕集气化(双反应器及三反应器)发电系统,通过敏感性分析,得到了各系统发电成本分别达到不同水平时,CLP 及内在碳捕集气化反应器单元的临界投资。其中,内在碳捕集气化双反应器及三反应器单元的投资分别低于相同煤处理量的输运床纯氧气化炉投资的 2.5 及 3.2 倍时,内在碳捕集气化双反应器及三反应器发电系统的发电成本将低于 PC 基准电站的发电成本。本章的经济性分析中,相关参数的选取均较为保守,所得到的结果可为关键单元的发展提供投资方面的参考。

参考文献

[1] IPCC. IPCC Fourth Assessment Report：Climate Change［R］. 2007．

[2] Copengen Accord［R/OL］. (2019-12-18)［2021-3-22］.
http：//unfccc. int/files/meetings/cop_15/application/pdf/cop15_cph_auv. pdf

[3] 温家宝. 中国坚定不移地为应对气候变化作出不懈努力和积极贡献［J/OL］. 2009.
http：//www. ce. cn/xwzx/gnsz/szyw/200912/19/t20091219_20648814. shtml

[4] 绿色煤电有限公司.挑战全球气候变化——二氧化碳捕集与封存［M］.北京：水利水电出版社,2008.

[5] 郑楚光.温室效应及其控制对策［M］.北京：中国电力出版社,2001.

[6] 气候组织. CCS 在中国现状、挑战和机遇［R］.2010.

[7] 韩文科,杨玉峰,苗韧,等.当前全球碳捕集与封存(CCS)技术进展及面临的主要问题［J］.中国能源,2009(10)：5-6,45.

[8] Future Gen Alliance. FutureGen Initial Conceptual Design Report［R］.2007.

[9] Riso National Laboratory. ENEA,Franhnofer ISI. HypoGen Pre-feasibility Study Final Report［R］.2005.

[10] MORRISON H,SCHWANDER M,BRADSHAW J. A vision of a CCS business-the Zero-Gen e xperience［J］. Energy Procedia,2009,1(1)：1751-1758.

[11] SATO M. Development of clean coal technologies in Japan［J］. Cleaner Combustion & Sustainable Wrold,2013：27-28.

[12] 中国电力企业联合会.中国电力行业年度发展报告2011［R］.2011.

[13] IEA. World Energy Outlook 2006［M］. Paris：International Energy Agency,2006.

[14] ELWELL LC,GRANT W S. Technical Overview of Carbon Dioxide Capture Technologies for Coal-Fired Power Plants［R］. Alexandria Virginia：MPR Associates,Inc. ,2005.

[15] 上海科学技术情报研究所.整体煤气化联合循环(IGCC)技术走向成熟［J/OL］,2010. http：//www. istis. sh. cn/list/list. aspx? id=6708.

[16] JAEGER H. Profle of active IGCC projects under development or in build［J］. Gas Turbine World,2010,40(1)：22-25.

[17] 中国科学院上海科技查新咨询中心.欧盟 IGCC 产业政策［J/OL］,2010.
http：//www. hyqb. sh. cn/tabid/337/InfoID/5887/frtid/1023/Default. aspx.

[18] 许世森,李春虎,郜时旺.煤气净化技术［M］.北京：化学工业出版社,2006.

[19] 黄斌,刘练波,许世森,等.燃煤电站 CO_2 捕集与处理技术的现状与发展［J］.电力设备,2008,9(5)：3-6.

[20] 郑瑛,池保华,王保文,等.燃煤 CO_2 减排技术［J］.中国电力,2006,39(10)：91-94.

[21] 蔡宁生,房凡,李振山.钙基吸收剂循环煅烧/碳酸化法捕集 CO_2 的研究进展［J］.中

国电机工程学报,2010,30(26):35-43.

[22] DEY A,AROONWILAS A. CO_2 absorption into MEA-AMP blend:Mass transfer and absorber height index [J]. Energy Procedia,2009,1(1):211-215.

[23] KISHIMOTO S,HIRATA T,IIJIMA M,et al. Current status of MHI's CO_2 recovery technology and optimization of CO_2 recovery plant with a PC fired power plant [J]. Energy Procedia,2009,1(1):1091-1098.

[24] KOZAK F,PETIG A,MORRIS E,et al. Chilled ammonia process for CO_2 capture [J]. Energy Procedia,2009,1(1):1419-1426.

[25] DARDE V,THOMSEN K,VAN WELL W J M,et al. Chilled ammonia process for CO_2 capture [J]. International Journal of Greenhouse Gas Control,2010,4(2):131-136.

[26] 李小森,鲁涛. 二氧化碳分离技术在烟气分离中的发展现状 [J]. 现代化工,2009,29(4):25-30.

[27] WANG M,LAWAL A,STEPHENSON P,et al. Post-combustion CO_2 capture with chemical absorption:A state-of-the-art review [J]. Chemical Engineering Research and Design,2011,89(9):1609-1624.

[28] BRUNETTI A,SCURA F,BARBIERI G,et al. Membrane technologies for CO_2 separation [J]. Journal of Membrane Science,2010,359(1-2):115-125.

[29] FIGUEROA J D,FOUT T,PLASYNSKI S,et al. Advances in CO_2 capture technology—The U. S. Department of Energy's Carbon Sequestration Program [J]. International Journal of Greenhouse Gas Control,2008,2(1):9-20.

[30] HART A,GNANENDRAN N. Cryogenic CO_2 capture in natural gas [J]. Energy Procedia,2009,1(1):697-706.

[31] SHIMIZU T,HIRAMA T,HOSODA H,et al. A Twin Fluid-Bed Reactor for Removal of CO_2 from Combustion Processes [J]. Chemical Engineering Research and Design,1999,77(1):62-68.

[32] 房凡,李振山,蔡宁生. 钙基 CO_2 吸收剂循环反应特性的实验与模拟 [J]. 中国电机工程学报,2009,29(14):30-35.

[33] CHEN H,ZHAO C,CHEN M,et al. CO_2 uptake of modified calcium-based sorbents in a pressurized carbonation-calcination looping [J]. Fuel Processing Technology,2011,92(5):1144-1151.

[34] BOUQUET E,LEYSSENS G,SCHÖNNENBECK C,et al. The decrease of carbonation efficiency of CaO along calcination-carbonation cycles:Experiments and modelling [J]. Chemical Engineering Science,2009,64(9):2136-2146.

[35] JAKOBSEN J P,HALMÖY E. Reactor modeling of sorption enhanced steam methane reforming [J]. Energy Procedia,2009,1(1):725-732.

[36] ABANADES J C,ANTHONY E J,WANG J,et al. Fluidized Bed Combustion Systems Integrating CO_2 Capture with CaO [J]. Environ Sci Technol,2005,39(8):2861-2866.

[37] LI Y,ZHAO C,CHEN H,et al. CO_2 capture efficiency and energy requirement analysis of power plant using modified calcium-based sorbent looping cycle [J]. Energy,2011,36

(3):1590-1598.

[38] YANG Y, ZHAI R, DUAN L, et al. Integration and evaluation of a power plant with a CaO-based CO_2 capture system [J]. International Journal of Greenhouse Gas Control, 2010,4(4):603-612.

[39] ROMEO L M, LARA Y, LISBONA P, et al. Economical assessment of competitive enhanced limestones for CO_2 capture cycles in power plants [J]. Fuel Processing Technology,2009,90(6):803-811.

[40] KHAYYAT A H. A Regenerative Process for CO_2 Removal and Hydrogen Producation In IGCC[D]. Chicago:The Graduate College of the Illinois Institute of Technology,2007.

[41] HASSANZADEH A, ABBASIAN J. Regenerable MgO-based sorbents for high-temperature CO_2 removal from syngas:1. Sorbent development, evaluation, and reaction modeling [J]. Fuel,2010,89(6):1287-1297.

[42] SYMONDS R T, LU D Y, MACCHI A, et al. CO_2 capture from syngas via cyclic carbonation/calcination for a naturally occurring limestone:Modelling and bench-scale testing [J]. Chemical Engineering Science,2009,64(15):3536-3543.

[43] FAN L, LI F, RAMKUMAR S. Utilization of chemical looping strategy in coal gasification processes [J]. Particuology,2008,6(3):131-142.

[44] MANOVIC V, CHARLAND J-P, BLAMEY J, et al. Influence of calcination conditions on carrying capacity of CaO-based sorbent in CO_2 looping cycles [J]. Fuel,2009,88(10):1893-1900.

[45] 李振山,蔡宁生,赵旭东,等. CaO 与 CO_2 循环反应动力学特性 [J]. 燃烧科学与技术,2006,12(6):481-485.

[46] RAMKUMAR S, WANG W, LI S, et al. Carbonation-Calcination Reaction (CCR) Process for High Temperature CO_2 and Sulfur Removal [R].
https://ieaghg. org/docs/loopingpdf/16%20septiembre/C13. pdf

[47] GUPTA H, IYER M, SAKADJIAN B, et al. Enhanced Hydorgen Production Integrated with CO_2 Separation in a Single-Stage Reactor [R]. NETL,2007.

[48] WANG Y, CHAO Z, CHEN D, et al. SE-SMR process performance in CFB reactors:Simulation of the CO_2 adsorption/desorption processes with CaO based sorbents [J]. International Journal of Greenhouse Gas Control,2011,5(3):489-497.

[49] FLORIN N, HARRIS A. Enhanced hydrogen production from biomass with in situ carbon dioxide capture using calcium oxide sorbents [J]. Chemical Engineering Science,2008, 63(2):287-316.

[50] PIRES J, MARTINS F G, ALVIM-FERRAZ M, et al. Recent developments on carbon capture and storage:An overview [J]. Chemical Engineering Research and Design,2011,89 (9):1446-1460.

[51] NETL. DOE/NETL Carbon dioxide Capture and Sorage RD&D Roadmap [R/OL]. (2010-2-18)[2020-12-16].
http://www. netl. doe. gov/technologies/carbon_seq/refshelf/CCSRoadmap. pdf.

［52］ SHARMA S D,MCLENNAN K,DOLAN M,et al. Design and performance evaluation of dry cleaning process for syngas ［J］. Fuel,2013(108):42-53.

［53］ SINGH R,RAM REDDY M K,WILSON S,et al. High temperature materials for CO_2 capture ［J］. Energy Procedia,2009,1(1):623-630.

［54］ 黄粲然. 中国近零排放煤基电站的经济模型、评估及政策研究［D］. 北京:中国科学院,2010.

［55］ CHEN C. A Technical and Economic Assessment of CO_2 Capture Technology for IGCC Power Plants ［D］. Pittsburgh:Carnegie Mellon University,2005.

［56］ ROSENBERG W G,ALPERN D C,WALKER M R. Deploying IGCC in this Decade with 3 Party Covenant Financing ［R］ Cambridge:Harvard University,2004.

［57］ 黄河,何芬,李政,等. IGCC 电厂的工程设计、采购和施工成本的估算模型 ［J］. 动力工程,2008,28(3):475-479.

［58］ DAVID J. Economic Evaluation of Leading Technology Options for Sequestration of Carbon Dioxide ［D］. Massachusetts Avenue Cambridge:Massachusette Institute of Technology,2000.

［59］ DAMEN K,TROOST M V,FAAIJ A,et al. A Comparison of Electricity and Hydrogen Production Systems With CO_2 Capture and Storage. Part A:Review and Selection of Promising Conversion and Capture Technologies ［J］. Progress in Energy and Combustion Science,2006,32(2):215-246.

［60］ METZ B,DAVIDSON O,CONINK H. IPCC Special Report on Carbon Dioxide Capture and Storage ［R］. IPCC,2005.

［61］ DOE/NETL. Assessment of power plants that meet proposed greenhouse gas emission performance standards ［R］. 2009.

［62］ DOE/NETL. Cost and performance baseline for fossil energy plants ［R］. 2007.

［63］ IEA. An overview of CO_2 capture technology:what are the challenges ahead? ［R］. 2008.

［64］ BOHM M C,HERZOG H J,PARSONS J E,et al. Capture-ready coal plants-Options, technologies and economics ［J］. International Journal of Greenhouse Gas Control,2007,1 (1):113-120.

［65］ NARULA R G,WEN H. The Battle of CO_2 capture technology ［M］. Proceeding of ASME Turbo Expo 2010:Power for Land,Sea and Air. Glasgow,UK. 2010.

［66］ JORDAL K,ANHEDEN M,YAN J,et al. Oxyfuel combustion for coal-fired power generation with CO_2 capture-Opportunities and challenges ［M］//RUBIN E S,KEITH D W, GILBOY C F,et al. Greenhouse Gas Control Technologies 7. Oxford:Elsevier Science Ltd. 2005:201-209.

［67］ WANG M H, OKO E. Special issue on carbon capture in the context of carbon capture, utilisation and storage (CCUS) ［J］. International Journal of Coal Science Technology, 2017, 4(1):1 - 4.

［68］ IEA. Oxy combustion processes for CO_2 capture from power plant ［M］. Cheltenham:International Energy Agency Greenhouse Gas R&D Programme,2005.

［69］ VERSTEEG P,RUBIN E S. Technical and economic assessment of ammonia-based post-combustion CO_2 capture ［J］. Energy Procedia,2011,4:1957-1964.

［70］ STRUBE R,MANFRIDA G. CO_2 capture in coal-fired power plants—Impact on plant performance ［J］. International Journal of Greenhouse Gas Control,2011,5(4):710-726.

［71］ RAMKUMAR S, STATNICK R M, FAN L S. Calcium Looping Process For Clean Fossil Fuel Conversion ［R］. 2009.
https://ieaghg. org/docs/loopingpdf/16%20septiembre/C27. pdf

［72］ BASAVARAJA R J, JAYANTI S. Comparative analysis of four gas-fired, carbon capture-enabled power plant layouts［J］. Clean Technologies and Environmental Policy, 2015, 17(8):2143-2156.

［73］ BOSOAGA A,OAKEY J. CO_2 capture using lime as sorbent in a carbonation/calcination cycle ［R］. NETL,

［74］ CHARITOS A, HAWTHORNE C, BIDWE A R, et al. Hydrodynamic analysis of a 10 kWth Calcium Looping Dual Fluidized Bed for post-combustion CO_2 capture ［J］. Powder Technology,2010,200(3):117-127.

［75］ ROMANO M. Coal-fired power plant with calcium oxide carbonation for postcombustion CO_2 capture ［J］. Energy Procedia,2009,1(1):1099-1106.

［76］ DUAN L,LIN R,DENG S,et al. A novel IGCC system with steam injected H_2/O_2 cycle and CO_2 recovery ［J］. Energy Conversion and Management,2004,45(6):797-809.

［77］ GNANAPRAGASAM N,REDDY B,ROSEN M. Reducing CO_2 emissions for an IGCC power generation system:Effect of variations in gasifier and system operating conditions ［J］. Energy Conversion and Management,2009,50(8):1915-1923.

［78］ REZVANI S,HUANG Y,MCLLVEEN-WRIGHT D,et al. Comparative assessment of coal fired IGCC systems with CO_2 capture using physical absorption, membrane reactors and chemical looping ［J］. Fuel,2009,88(12):2463-2472.

［79］ ORDORICA-GARCIA G,DOUGLAS P,CROISET E,et al. Technoeconomic evaluation of IGCC power plants for CO_2 avoidance ［J］. Energy Conversion and Management,2006,47 (15-16):2250-2259.

［80］ KALDIS S P,SKODRAS G,SAKELLAROPOULOS G P. Energy and capital cost analysis of CO_2 capture in coal IGCC processes via gas separation membranes ［J］. Fuel Processing Technology,2004,85(5):337-346.

［81］ HUANG Y,REZVANI S,MCLLVEEN-WRIGHT D,et al. Techno-economic study of CO_2 capture and storage in coal fired oxygen fed entrained flow IGCC power plants ［J］. Fuel Processing Technology,2008,89(9):916-925.

［82］ CHEN C,RUBIN E S. CO_2 control technology effects on IGCC plant performance and cost ［J］. Energy Policy,2009,37(3):915-924.

［83］ DAVISON J,BRESSAN L,DOMENICHINI R. CO_2 Capture in Coal-Based IGCC Power Plants ［R］. Regina:University of Regina,2004.

［84］ DESCAMPS C,BOUALLOU C,KANNICHE M. Efficiency of an Integrated Gasification

Combined Cycle(IGCC)power plant including CO_2 removal [J]. Energy,2008,33(6): 874-881.

[85] KANNICHE M, BOUALLOU C. CO_2 capture study in advanced integrated gasification combined cycle [J]. Applied Thermal Engineering,2007,27(16):2693-2702.

[86] BONSU A K, EILAND J D, GARDNER BF, et al. Impact of CO_2 capture on Transport Gasifier IGCC Power Plant [R]. 2008.
https://www.ixueshu.com/document/55dc2b3e5d41cdc2318947a18e7f9386.html

[87] 王波. 基于输运床气化炉的 IGCC 系统集成研究 [D]. 北京:中国科学院,2009.

[88] 高健. IGCC 中空气气化炉与氧气气化炉的对比研究 [J]. 燃气轮机技术,2007,20 (2):1-6.

[89] 高健,倪维斗,李政. 一种新型二氧化碳准零排放的 IGCC 系统 [J]. 燃气轮机技术, 2007,20(3):1-5.

[90] CHIESA P, CONSONNI S, KREUTZ T, et al. Co-production of hydrogen,electricity and CO_2 from coal with commercially ready technology. Part A:Performance and emissions [J]. International Journal of Hydrogen Energy,2005,30(7):747-767.

[91] KREUTZ T, WILLIAMS R, CONSONNI S, et al. Co-production of hydrogen,electricity and CO_2 from coal with commercially ready technology. Part B:Economic analysis [J]. International Journal of Hydrogen Energy,2005,30(7):769-784.

[92] MARTELLI E, KREUTZ T, CONSONNI S. Comparison of coal IGCC with and without CO_2 capture and storage:Shell gasification with standard vs. partial water quench [J]. Energy Procedia,2009,1(1):607-614.

[93] FIASCHI D, CARTA R. CO_2 abatement by co-firing of natural gas and biomass-derived gas in a gas turbine [J]. Energy,2007,32:549-567.

[94] RUBIN E S, CHEN C, RAO A B. Cost and performance of fossil fuel power plants with CO_2 capture and storage [J]. Energy Policy,2007,35(9):4444-4454.

[95] RAO A B, RUBIN E S, BERKENPAS M B. An intergrared modeling frame work for carbon management technologies [R]. Pittsburgh:U. S. Department of Energy National Technology Laboratory,2004.

[96] DAVISON J. Performance and costs of power plants with capture and storage of CO_2[J]. Energy,2007(32):1163-1176.

[97] DOE/NETL. Cost and Performance Baseline for Fossil Energy Plants [R]. 2010.

[98] KANNICHE O, BOUALLOU H. CO_2 capture study in advanced integrated gasification combined cycle [J]. Applied Thermal Engineering,2007,27(16):2693-2702.

[99] RYU H J, BAE D H, JIN G T. Effect of Temperature on Reduction Reactivity of Oxygen Carrier Particles in a Fixed Bed Chemical-Looping Combustor [J]. Korean Journal of Chemical Engineering,2003,20(5):960-966.

[100] WOLF J, ANHEDEN M, YAN J. Comparison of nickel- and iron-based oxygen carriers in chemical looping combustion for CO_2 capture in power generation [J]. Fuel,2005,84 (7-8):993-1006.

[101] 郑瑛,王保文,宋侃,等. 化学链燃烧技术中新型氧载体 $CaSO_4$ 的特性研究 [J]. 工程热物理学报,2006,27(3):531-533.

[102] 沈来宏,肖军,肖睿,等. 基于 $CaSO_4$ 载氧体的煤化学链燃烧分离 CO_2 研究 [J]. 中国电机工程学报,2007,27(2):69-74.

[103] 刘永卓. 化学链燃烧过程钙基载氧体的研究 [D]. 青岛:青岛科技大学,2010.

[104] LYNGFELT A,LECKNER B,MATTISSON T. A fluidized-bed combustion process with inherent CO_2 separation:application of chemical-looping combustion [J]. Chemical Engineering Science,2001,56(10):3101-3113.

[105] NAQVI R,BOLLAND O,BRANDVOLL O,et al. Chemical looping combustion analysis of natural gas fired power cycles with inherent CO_2 capture [M]. Proceedings of ASME Turbo Expo 2004,Power for Land,Sea and Air. Vienna,Australia. 2004.

[106] 金红光. 新颖化学链燃烧与空气湿化燃气轮机循环 [J]. 工程热物理学报,2000,21(2):138-141.

[107] 狄藤藤,向文国,万俊松,等. 零排放天然气化学链置换燃烧仿真研究 [J]. 能源研究与利用,2006(2):15-19.

[108] WOLF J. CO_2 Mitigation in Advanced Power Cycles-Chemical Looping Combustion and Steam-Based Gasification [D]. Stockholm:KTH Chemical Engineering and Technology,2004.

[109] 向文国,牟建茂,狄藤藤. 两种煤气化工艺下 Ni 基载氧体链式燃烧联合循环性能模拟 [J]. 中国电机工程学报,2007,27(29):28-33.

[110] 狄藤藤. 煤气化链式燃烧联合循环 [D]. 南京:东南大学,2006.

[111] 向文国,狄腾腾,肖军,等. 具有 CO_2 分离的煤气化化学链置换燃烧初步研究 [J]. 东南大学学报(自然科学版),2005,35(1):20-23.

[112] 向文国,狄腾腾,肖军,等. 新型煤气化间接燃烧联合循环研究 [J]. 中国电机工程学报,2004,24(8):170-174.

[113] 向文国,狄藤藤. Ni 载体整体煤气化链式燃烧联合循环性能 [J]. 化工学报,2007,58(7):1816-1821.

[114] JIN H,ISHIDA M. A novel gas turbine cycle with hydrogen-fueled chemical-looping combustion [J]. International Journal of Hydrogen Energy,2000(25):1209-1215.

[115] 洪慧,金红光,杨思. 低温太阳热能与化学链燃烧相结合控制 CO_2 分离动力系统 [J]. 工程热物理学报,2006,27(5):729-732.

[116] 何鹏,洪慧,金红光,等. 低温太阳热与甲醇化学链整合能量释放机理实验初探 [J]. 工程热物理学报,2007,28(2):181-184.

[117] LI F,KIM H,SRIDHAR D,et al. Coal Direct Chemical Looping(CDCL)Process for Hydrogen and Power Generation [R]. NETL,2009.

[118] 金红光,洪慧,韩涛. 化学链燃烧的能源环境系统研究进展 [J]. 科学通报,2008,53(24):2994-3005.

[119] LOBOCHYOV K,RICHTER H J. Combined Cycle Gas Turbine Power Plant with Coal Gasification and Solid Oxide Fuel Cell [J]. Journal of Energy Resources Technology,

1996,118:285-292.

[120] 关键.新型煤气化燃烧利用系统机理研究[D].杭州:浙江大学,2007.

[121] LIN S Y,SUZUKI Y,HATANO H,et al. Developing an innovative method HyPr-RING to produce hydrogen from hydrocarbons[J]. Energy Conversion and Management,2002 (43):1283-1290.

[122] LIN S,HARADA M,SUZUKI Y,et al. Process analysis for hydrogen production by reaction integrated novel gasification(HyPr-RING)[J]. Energy Conversion and Management,2005,46(6):869-880.

[123] ZOICK H J. Zero Emission Coal Power A New Concept[R]. NETL,2001.

[124] 王勤辉,沈洵,洛仲泱.新型近零排放煤气化燃烧利用系统[J].动力工程,2003,23 (5):2711-2715.

[125] 关键,王勤辉,洛仲泱.新型近零排放煤气化燃烧系统的优化及性能预测[J].中国电机工程学报,2006,26(9):7-13.

[126] 肖云汉.煤制氢零排放系统[J].工程热物理学报,2001,22(1):13-15.

[127] 徐祥.IGCC 和联产的系统研究[D].北京:中国科学院,2007.

[128] LIN S Y. Progress of HyPr-RING Development for Hydrogen Production from Fossil Fuels[R/OL].(2006-7-16)[2021-1-15].
http://www.cder.dz/A2H2/Medias/Download/Proc%20PDF/PARALLEL%20SESSIONS/%5BS06%5D%20Production%20-%20Hydrocarbons/14-06-06/249.pdf

[129] PERDIKARIS N,PANOPOULOS K D,FRYDA L,et al. Design and optimization of carbon-free power generation based on coal hydrogasification integrated with SOFC[J]. Fuel,2009,88(8):1365-1375.

[130] 闫跃龙,肖云汉,田文栋,等.含碳能源直接制氢的热力学分析和实验研究[J].工程热物理学报,2003,24(5):744-746.

[131] 乔春珍,肖云汉.碳制氢过程的比较及直接制氢分析[J].工程热物理学报,2005,26(5):729-732.

[132] 王峰.含碳能源直接制氢的实验研究[D].北京:中国科学院,2007.

[133] RIZEQ G. Fuel-Flexible Gasification-Combustion Technology for Production of H_2 and Sequestration-Ready CO_2 Progress Reports[R]. DOE,2001-2004.

[134] HARRISON D P. Calcium enhanced hydrogen production with CO_2 capture[J]. Energy Procedia,2009,1(1):675-681.

[135] WEIMER T,BERGER R,HAWTHORNE C,et al. Lime enhanced gasification of solid fuels:Examination of a process for simultaneous hydrogen production and CO_2 capture [J]. Fuel,2008,87(8-9):1678-1686.

[136] CHEN S,WANG D,XUE Z,et al. Calcium looping gasification for high-concentration hydrogen production with CO_2 capture in a novel compact fluidized bed:Simulation and operation requirements[J]. International Journal of Hydrogen Energy,2011,36(8):4887-4899.

[137] FLORIN N,HARRIS A. Hydrogen production from biomass coupled with carbon dioxide

capture: The implications of thermodynamic equilibrium [J]. International Journal of Hydrogen Energy, 2007, 32(17): 4119-4134.

[138] HANAOKA T. Hydrogen production from woody biomass by steam gasification using a CO_2 sorbent [J]. Biomass and Bioenergy, 2005, 28(1): 63-68.

[139] KINOSHITA C. Production of hydrogen from bio-oil using CaO as a CO_2 sorbent [J]. International Journal of Hydrogen Energy, 2003, 28: 1065-1071.

[140] XU X, XIAO Y H, QIAO C Z. System design and analysis of a direct hydrogen from coal system with CO_2 capture [J]. Energy & Fuels, 2007, 21(3): 1688-1694.

[141] 张荣光, 那永洁, 吕清刚. 循环流化床煤气化平衡模型研究 [J]. 中国电机工程学报, 2005, 25(18): 80-85.

[142] WATKINSON A P, LUCAS J P, LIM C J. A prediction of Performance of Commercial Coal Gasifier [J]. Fuel, 1991, 70(4): 519-527.

[143] CEVASCO R, PARENTE J, TRAVERSO A. Off-desing and Transient Analysis of Saturators for Humid Air Turbine Cycles [M]. Vienna, Australia: Proceedings of ASME Turbo Expo. 2004.

[144] 张丽丽. 煤制燃料气燃气轮机建模及性能分析 [D]. 北京: 中国科学院, 2010.

[145] GE. Heavy duty gas turbine products [R]. 2009.

[146] GOPINATHAN R. GE Gas Turbine for Lean Gaseous Fuels [R]. Greenvile: GE Energy Company, 2006.

[147] GateCycle User's Guide [M]. In: GE-Enter Software Inc, 2003.

[148] BRDAR R D, JONES R M. GE IGCC Technology and Experience with Advanced Gas Turbines [R]. Greenvile: GE Energy Company, 2000.

[149] PRO/II Casebook Air Separation Plant [M]. In: Simulation Science Inc, 1993.

[150] ZHU Y. Evaluation of Gas Turbine and Gasifier-based Power Generation System [D]. Raleigh: North Carolina State University, 2004.

[151] MAURSTAD O. An Overview of Coal based Integrated Gasification Combined Cycle (IGCC) Technology [R]. Boston: MIT, 2005.

[152] 焦树建. 论"热电联产"型燃气-蒸汽联合循环的特性 [J]. 燃气轮机技术, 2001, 14(4): 12-20.

[153] KANNICHE O, BOUALLOU H. CO_2 capture study in advanced integrated gasification combined cycle [J]. Applied Thermal Engineering, 2007, 27(16): 2693-2702.

[154] DESIDERI U, PAOLUCCI A. Performance modeling of a carbon dioxide removal system for power plants [J]. Energy Conversion and Management, 1999(40): 1899-1915.

[155] 林民鸿, 张全文, 胡新田. NHD 法脱硫脱碳净化技术 [J]. 化学工业与工程技术, 1995, 16(3): 11-17.

[156] 黄斌, 许世森, 郜时旺. 燃煤电厂 CO_2 捕集系统的技术与经济分析 [J]. 动力工程, 2009, 29(9): 864-874, 867.

[157] CARBO M C, JANSEN D, DIJKSTRA J W. Pro-combustion decarbonisation in IGCC: Abatement of both steam requirement and CO_2 emissions [M]. The Sixth Annual Con-

ference on Carbon Capture and Sequestration. Pittsburgh PA, USA. 2007.

[158] NETL. Texaco Gasifier IGCC Base Cases [R]. 2000.

[159] 电力规划设计总院. 火电厂工程限额设计参考造价指标(2009 年水平) [M]. 北京: 中国电力出版社,2010.

[160] 张斌. 多联产能源系统中二氧化碳减排的研究 [D]. 北京:清华大学,2005.

[161] JAEGER H. Would IGCC compete in a carbon-constrained world? [J]. Gas Turbine World,2010,40(4):10-18.